FLUXO DE POTÊNCIA

Blucher

IGOR DELGADO DE MELO

FLUXO DE POTÊNCIA

Teoria e Implementação de Códigos Computacionais

Fluxo de potência: teoria e implementação de códigos computacionais

Editora Edgard Blücher Ltda.

Publisher Edgard Blücher
Editores Eduardo Blücher e Jonatas Eliakim
Coordenação editorial Andressa Lira
Produção editorial Thaís Costa
Preparação de texto Ana Maria Fiorini
Diagramação Villa
Revisão de texto MPMB
Capa Laércio Flenic
Imagem de Capa Mandelbrot, Fractal, Abstract. De utilização gratuita.

Blucher

Rua Pedroso Alvarenga, 1245, 4º andar
04531-934 – São Paulo – SP – Brasil
Tel.: 55 11 3078-5366
contato@blucher.com.br
www.blucher.com.br

Segundo o Novo Acordo Ortográfico, conforme 6. ed. do *Vocabulário Ortográfico da Língua Portuguesa*, Academia Brasileira de Letras, julho de 2021.

Dados Internacionais de Catalogação na Publicação
(CIP) Angélica Ilacqua CRB-8/7057

Melo, Igor Delgado de
Fluxo de potência : teoria e implementação de códigos computacionais / Igor Delgado de Melo. – São Paulo : Blucher, 2023.
216 p.

Bibliografia
ISBN 978-65-5506-657-9

1. Engenharia elétrica 2. Computação I. Título

23-3762 CDD 621.3

Índices para catálogo sistemático:
1. Engenharia elétrica

O assunto mais importante do mundo pode ser simplificado até ao ponto em que todos possam apreciá-lo e compreendê-lo. Isso é – ou deveria ser – a mais elevada forma de arte.

Charles Chaplin (1889-1977)

AGRADECIMENTOS

Gostaria de agradecer a Deus pela oportunidade de publicar mais um livro destinado ao aprendizado de profissionais e estudantes de Engenharia Elétrica.

Agradeço o apoio de meus familiares e colegas de profissão que incentivaram o desenvolvimento desta obra. Nominalmente, gostaria de agradecer a Vitor Almeida e Rosane Delgado de Melo pelo apoio para escrever este volume.

Dedico este livro a todos os meus alunos, em especial àqueles participantes do grupo GEPEQE – Grupo de Estudos e Pesquisa em Qualidade de Energia.

Gostaria de agradecer por tanto me incentivarem, dia após dia, especialmente a Wesley Peres, Robert William, Vinicius Diogo, Vinicius Curcio, Mariana Escarati, Glaucus, Junior, Leticia Lacerda, Heitor Magno Junior, Mariana Novais, Jeanderson Mingorança, Michael, Matheus Antunes, Tatiane Lopes, Matheus Alberto, Braulio César, Filipe, Gabriel Halfeld, Esteban Bojorge, Samara e Lucas.

PREFÁCIO

Percebe-se, atualmente, uma forte aceleração do crescimento populacional, o qual impacta significativamente o aumento da demanda por energia elétrica. Tal fato resulta na necessidade de melhorar a infraestrutura existente nos sistemas de energia elétrica desde sua geração e transmissão até sua distribuição, a fim de cumprir critérios estabelecidos por normativas nacionais que garantem o suprimento aos consumidores, bem como a qualidade da energia que lhes é entregue pelas transmissoras de energia elétrica e concessionárias.

Devido à necessidade de realizar a descarbonização por razões ambientais, as fontes geradoras de energia baseadas em combustíveis fósseis estão sendo cada vez menos incentivadas, o que faz com que o mundo passe pela denominada transição energética, em que fontes alternativas e renováveis são cada vez mais priorizadas para a operação de sistemas elétricos de potência. Entretanto, modelar, estudar e analisar a introdução dessas fontes no setor elétrico ainda representa um desafio, visto que a maioria das metodologias utilizadas até então considera uma abordagem clássica e tradicional, a qual deve ser revista a fim de contemplar tecnologias disruptivas para o monitoramento de redes elétricas, aumento da incerteza relacionada às fontes eólicas e solar, principalmente devido à sua alta variabilidade, associada a fatores climáticos.

O Brasil, com suas características peculiares – entre as quais o território de proporções continentais e o uso de hidrelétricas em grande escala –, carece de estudos originais que propiciem uma operação segura, garantindo o fornecimento de energia por toda a extensão territorial do país. Com centros de carga afastados das grandes usinas geradoras, consegue-se transmitir energia através de um complexo sistema nacional interligado e conexo, sendo sua operação uma tarefa atribuída ao Operador Nacional do Sistema (ONS). Além de operar o Sistema Interligado Nacional (SIN), esse órgão é responsável por tomadas de decisão que garantem o fornecimento de energia por todo o país de maneira segura, evitando os denominados blecautes.

Tal tarefa exige metodologias computacionais que permitam o estudo de redes elétricas em tempo real, com base em modelos que representem-nas com fidelidade, assim como suas máquinas rotativas, linhas de transmissão, dispositivos de controle, centros de carga e geração.

Dentre os principais algoritmos executados em um centro de controle do ONS, destacam-se o fluxo de potência, o fluxo de potência ótimo, a análise de segurança estática, a análise de contingências, os equivalentes externos, a estimação de estados e os estudos relacionados à estabilidade do sistema.

Apesar de as metodologias tradicionais para esses estudos serem abordadas na literatura, existe uma carência de bibliografia nacional que aborde a implementação computacional dos algoritmos executados rotineiramente pelo ONS, sendo essa uma urgência para as universidades e cursos de Engenharia Elétrica do país que queiram ensinar futuros profissionais que possam se destacar no setor elétrico e atuar, controlar e modelar os sistemas elétricos de potência. A partir disso, análises poderão ser efetuadas em tempo real, garantindo de fato que os sistemas operem de forma segura e garantindo fornecimento e confiabilidade à operação.

Além disso, é urgente realizar uma atualização das metodologias utilizadas para os fins de operação dos sistemas elétricos de potência, com o objetivo de acompanhar a evolução tecnológica, aspectos de implementação computacional e modelos mais apropriados para a realidade atual das redes elétricas, como o advento das *smart grids* e microrredes que podem operar tanto conectadas à rede principal como ilhadas.

Neste livro, cada um dos principais algoritmos abordados será complementado com sua implementação computacional por meio da apresentação de códigos que permitirão ao leitor não apenas executar os algoritmos como resolver exercícios e efetuar análises mais aprofundadas acerca do tema. Com exemplos ilustrativos, cada método é explanado explorando-se o equacionamento algébrico. Aspectos relacionados à implementação computacional são posteriormente discutidos, mostrando as principais dificuldades para programar os métodos e analisar sistemas elétricos de potência com praticidade.

No Capítulo 1, aborda-se o fluxo de potência, principal ferramenta analítica que permite calcular as grandezas elétricas em um sistema assumindo uma condição de carga especificada. Apresenta-se a metodologia tradicional resolvida via Newton-Raphson, contemplando evoluções do algoritmo, como a representação do controle de tensão em barras remotas, o controle de frequência e modelos que levam em consideração as variáveis em sua formulação em coordenadas polares.

Apresenta-se no Capítulo 2 o método de injeção de correntes, apropriado para sistemas de distribuição de energia elétrica topologicamente radiais. Vantagens do método são destacadas, bem como sua facilidade de implementação computacional, robustez, convergência rápida e precisa.

No Capítulo 3, por sua vez, aborda-se o fluxo de potência ótimo, apresentando as principais formulações, funções objetivo, restrições de igualdade e desigualdade, assim como as principais formas de resolução. Neste sentido, o método de pontos interiores primal-dual é explorado, detalhando-se a relação entre os multiplicadores de Lagrange com restrições ativas que atingem seus respectivos valores máximos ou mínimos.

A análise de contingências é apresentada no Capítulo 4, a partir da explanação de alterações múltiplas em redes elétricas. O teorema da compensação também é apresentado. Uma discussão acerca de uma lista de contingências mais severas é apresentada, além da formulação de um fluxo de potência ótimo com restrições de segurança que permite averiguar o estado operativo da rede, supondo a ocorrência de contingências como a retirada de linhas, transformadores e geradores do sistema sob análise.

Já no Capítulo 5 são discutidos os equivalentes externos, considerando metodologias mais abordadas em pesquisas recentes, sua aplicação na prática para modelar e representar sistemas elétricos de potência e áreas de interesse para os operadores desses sistemas.

No Capítulo 6, discutem-se métodos destinados à análise da segurança de tensão, como fluxo de potência continuado, curvas QV, análise modal e fluxo de potência ótimo. Conceitos importantes, como margem de segurança estática, ponto crítico, colapso de tensão e estabilidade de tensão, são analisados.

No Capítulo 7, disserta-se sobre o fluxo de potência intervalar e probabilístico resolvido por meio do método de Monte Carlo e a aplicação direta do operador de Krawczyk, visando à redução de tempo computacional e à estimação de intervalos com alto grau de confiança. Métricas estatísticas que permitam tais inferências também são apresentadas.

O método da estimação de estados é apresentado no Capítulo 8 a partir de algoritmos atuais, objetivando atender aos propósitos desta obra.

No Capítulo 9, apresenta-se o cálculo do fluxo de potência trifásico considerando o método de injeção de correntes, a fim de abordar os sistemas multifásicos.

Este livro apresenta ainda, no Capítulo 10, o método do fluxo de potência holomórfico (livre tradução da expressão em inglês *holomorphic embedding load flow method* – HELM), desenvolvido recentemente para contornar problemas clássicos envolvendo o fluxo de potência, como a não unicidade da solução e a sensibilidade dos métodos iterativos a condições iniciais estipuladas. A solução é encontrada de forma direta mediante funções complexas expandidas em séries de potência associadas às aproximações de Padé.

Por fim, o livro traz as respostas para os exercícios propostos ao final de cada capítulo, para que o leitor possa acompanhar o conteúdo de cada assunto tratado e comparar sua resolução com as respostas, com o objetivo de maximizar seu aproveitamento da obra.

O livro foi elaborado considerando o aprendizado de alunos de graduação e pós-graduação em Engenharia Elétrica que desejam aprender mais sobre os principais algoritmos utilizados em um centro de controle e profissionais que visam estudar sobre o tema.

Todas as figuras pertencem ao acervo do autor ou foram retiradas do *pixabay*, assegurando sua reprodução e seus direitos autoriais.

Igor Delgado de Melo

Juiz de Fora, 18 de junho de 2022

CONTEÚDO

CAPÍTULO 1
Fluxo de potência

1.1 CONSIDERAÇÕES INICIAIS

Os sistemas elétricos de potência (SEP) são compostos, tradicionalmente, por centros de geração, carga, linhas de transmissão e dispositivos de controle que atuam a fim de manter sua operação segura e confiável, garantindo a continuidade do serviço de fornecimento de energia (PINTO, 2014).

A Figura 1.1 exibe um sistema desde a geração até a distribuição de energia elétrica, representando vários níveis de tensão, com fontes geradoras de energia que incluem as despacháveis, como as hidrelétricas e as térmicas, e as não despacháveis, como as eólicas e as solares.

Note que, na parte superior da Figura 1.1, são representadas grandes usinas hidrelétricas, térmicas e nucleares, onde a energia é gerada pela conversão eletromecânica, geralmente em 13,8 kV ou tensões próximas a essa. Essas unidades de geração são conectadas por meio de subestações elevadoras às redes de transmissão envolvendo tensões acima de 110 kV. Essas tensões são elevadas mediante o uso de transformadores, com o intuito de manter a potência transmitida e reduzir perdas elétricas durante o transporte de energia, visto que as perdas são proporcionais ao quadrado da corrente passante em uma linha de transmissão (PINTO, 2014). Uma vez que o transformador eleva a tensão, a fim de se manter o fluxo de potência passante, verifica-se a redução de corrente passante nas linhas de transmissão.

No Brasil, é comum a utilização de altas tensões, como 230 kV, 345 kV e 500 kV, sendo as linhas de transmissão levadas por todo o território nacional por torres que fornecem suporte mecânico para elas (PINTO, 2014). Consumidores especiais, os quais possuem altíssima demanda, são atendidos em sistemas de transmissão ou subtransmissão (138 kV e 69 kV).

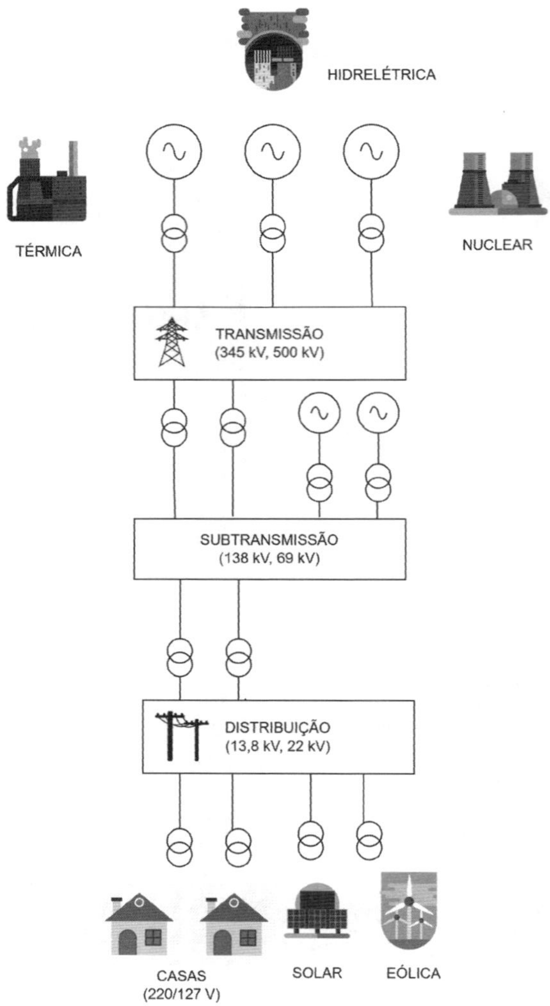

Acesse a imagem colorida em:

Figura 1.1 Sistema elétrico de potência.

Os sistemas de transmissão possuem algumas características próprias, como topologia malhada, em que os caminhos entre as unidades de geração e os consumidores são múltiplos e possuem redundância, a fim de garantir confiabilidade e maior segurança ao fornecimento de eletricidade para um país. São sistemas elétricos que podem ser representados por um monofásico equivalente, visto que a rede pode ser considerada equilibrada devido à transposição das linhas de transmissão, facilitando cálculos e análises complexas (FUCHS, 1979).

A fim de distribuir energia para a sociedade, os níveis de tensão são reduzidos por meio das subestações abaixadoras e pelas concessionárias locais, sendo comum a utilização de níveis de tensão de 13,8 kV e 22 kV associados às redes de média tensão, as quais são levadas pelas linhas de distribuição, suspensas, no caso de redes aéreas, mediante o suporte mecânico fornecido pelos postes de distribuição. As redes subterrâneas também são bastante comuns para a distribuição de energia elétrica em cidades e metrópoles. Por meio de um transformador abaixador, instalado junto aos postes, o nível é finalmente reduzido à baixa tensão, geralmente padronizada em 127/220 V ou 380/440 V dependendo da localidade. Vale a ressalva de que o Brasil, devido à sua grande diversidade e dimensão expressiva, possui sistemas operando com esses variados valores de tensão (PINTO, 2014).

Nota-se que, a partir da distribuição de energia, esta pode ser utilizada pelas diversas cargas, compreendendo, em geral: carga residencial, industrial, comercial, iluminação pública ou destinada a serviços públicos e transporte. No Brasil, a carga industrial é uma das mais expressivas, representando cerca de 30% do uso de toda a energia nacional.

Na distribuição, os modelos que utilizam o monofásico equivalente não são válidos, pois há um expressivo desequilíbrio entre as cargas trifásicas do sistema, uma influência notória de impedâncias mútuas e aterramento das instalações (KAGAN; OLIVEIRA; ROBBA, 2005).

Atualmente, em virtude da transição energética e da necessidade de reduzir o uso de combustíveis fósseis e emissão de gás carbônico, há uma tendência de uso crescente de fontes alternativas conectadas aos sistemas, bem como a solar e a eólica. Apesar de essas fontes trazerem diversas vantagens para o setor, como a diversificação da matriz energética, elas são associadas a uma grande variabilidade devido a fatores climáticos, velocidade de ventos e irradiação solar. Para contornar tais questões, é comum o uso de sistemas de armazenamento de energia e exploração de outras formas de geração, como biomassa, maremotriz, heliotérmica e geotérmica. O uso concomitante de todos esses recursos energéticos distribuídos (RED) permite maior flexibilidade operacional ao sistema, evitando que haja cortes de carga e fenômenos de instabilidade passíveis de ocasionar a interrupção do fornecimento de energia aos consumidores finais (BERGER; INIEWSKI, 2015, p. 32).

O fenômeno da grande penetração de fontes alternativas no sistema leva a desafios atuais, como a necessidade de melhorar a infraestrutura da rede e acomodar maior quantidade de geração distribuída próximo aos centros consumidores sem deteriorar a qualidade de energia da rede, estabelecida pelo módulo 8 do PRODIST (Procedimentos de Distribuição de Energia Elétrica no Sistema Elétrico Nacional) (KAGAN; OLIVEIRA; ROBBA, 2005). Ainda, os sistemas de distribuição, projetados tradicionalmente para um fluxo unidirecional que fluía da subestação em direção aos consumidores, agora enfrenta o desafio de possuir fluxos reversos devido à alta inserção de geração distribuída, o que leva ao surgimento de sobretensões e desequilíbrios expressivos em sistemas multifásicos (MELO; RODRIGUES; OLIVEIRA, 2021). Tal fato deve ser averiguado por metodologias condizentes com a realidade de cada rede.

Para a análise de sistemas elétricos, é comum sua representação em um diagrama unifilar em um esquema barra-ramo, em que cada barra do sistema representa uma unidade geradora ou unidade consumidora, sendo um nó do circuito elétrico equivalente (MONTICELLI, 1983). Os ramos conectam as barras e representam linhas de transmissão ou transformadores que alteram o nível de tensão entre duas barras do circuito.

A abordagem considera um modelo estacionário em regime permanente no domínio da frequência, em que a análise fasorial pode ser aplicada. Portanto, para cada ponto notável do sistema, é possível calcular a magnitude e o ângulo da tensão nodal associada a uma barra, a corrente injetada na barra e os fluxos de potência ativa e reativa passantes pelos ramos da rede.

Neste caso, as leis de Kirchhoff são diretamente aplicadas ao diagrama equivalente.

Seja o diagrama unifilar representativo de um sistema de 14 barras na Figura 1.2. O diagrama representa uma porção do sistema dos Estados Unidos em 1962. Note que o sistema é totalmente conexo, interligado e possui diversos caminhos desde as unidades geradoras até as unidades consumidoras. As duas barras de geração (1, 2) são representadas pela conexão de fontes de tensão a elas, controlando suas tensões em valores especificados, representando grandes usinas ou centros de geração. As demais barras são barras de carga, destinada ao atendimento de demandas (cidades, subestações de concessionárias, grandes indústrias etc.). Os ramos que as conectam são linhas de transmissão ou transformadores, como os representados entre as barras 5 e 6 ou as barras 4 e 9, por exemplo. Este sistema possui topologia malhada e representa bem a realidade das redes de transmissão.

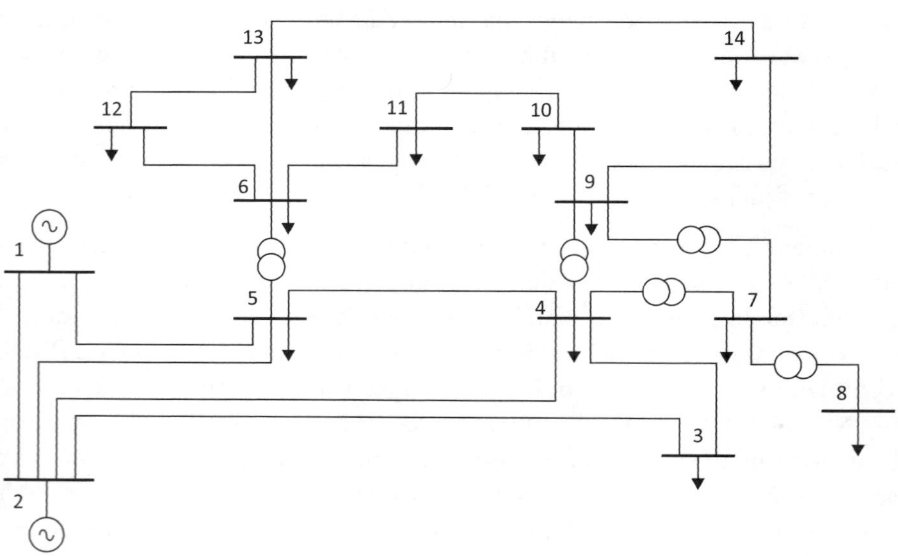

Figura 1.2 Sistema de 14 barras.

Já a Figura 1.3 mostra um diagrama com topologia radial de 33 barras, representando um sistema de distribuição de energia elétrica. Note que a fonte de energia principal é a barra 33, a qual representa a subestação provedora de energia elétrica. Nas barras 21 e 24 estão conectadas as unidades de geração distribuída despachável, sendo representadas pelas fontes de tensão no sistema. As demais barras são destinadas ao atendimento de cargas.

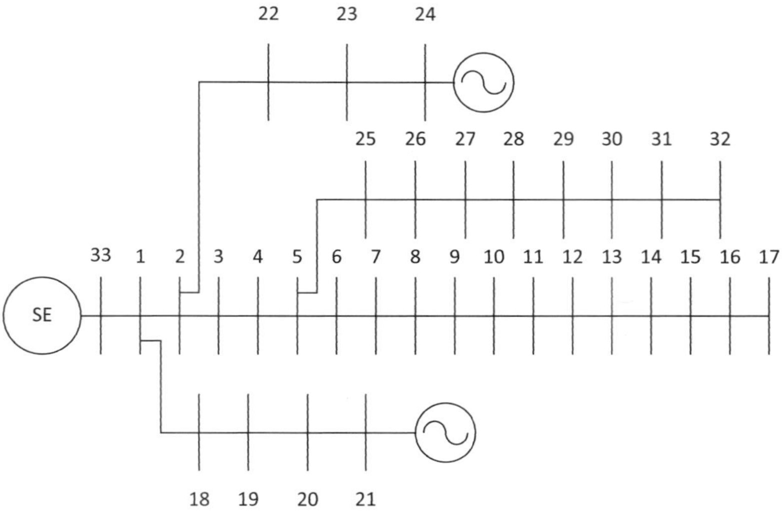

Figura 1.3 Sistema de distribuição de 33 barras.

1.2 CENTRO DE CONTROLE E SUAS FUNÇÕES

A fim de manter um sistema elétrico operando de maneira estável, segura e confiável, é necessário o estabelecimento de centros de controle, geralmente mediante o sistema SCADA (*supervisory, control and data acquisition*) e, atualmente, também com o auxílio das unidades de medição fasorial sincronizada, as *phasor measurement units* (PMU) e as *waveform measurement units* (WMU), as quais mensuram fasores de grandezas elétricas como as tensões nas barras nas quais estão instaladas e as correntes passantes pelas linhas conectadas a tais barras. Suas medições possuem alta acurácia e são sincronizadas via *global positioning system* (GPS), o que permite o acompanhamento em tempo real de variações de tensão, fenômenos transitórios e a sincronização de eventos independentemente de sua distância geográfica ou em relação ao centro de controle (MELO, 2022).

O modelo barra-ramo é utilizado para avaliar a topologia da rede monitorada, sendo as grandezas elétricas de cada parte acompanhadas em tempo real. No caso do Sistema Interligado Nacional (SIN), quem executa essa atividade é o Operador Nacional do Sistema (ONS) com base nas informações obtidas pelo sistema supervisório, estabelecido no país por meio do Sistema Aberto de Gerenciamento de Energia (SAGE), o qual executa as funções do sistema SCADA rotineiramente (MELO, 2022).

A partir da coleta das medições obtidas por meio das *remote terminal units* (RTU) e/ou *intelligent edge devices* (IED), as grandezas mensuradas são filtradas para exclusão de *outliers* estatísticos (erros grosseiros ocasionados por descalibração ou intempéries do tempo) (MONTICELLI, 2012), como mostrado na Figura 1.4. Uma vez que são armazenadas, essas medições são utilizadas como base para um algoritmo chamado de estimador de estados, que é a principal ferramenta de análise para um sistema de potência.

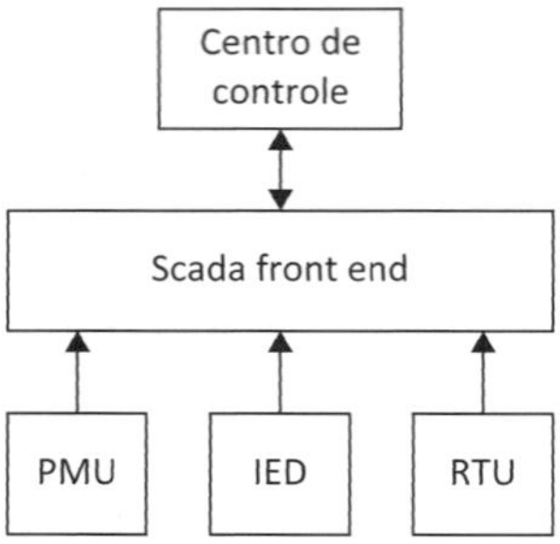

Figura 1.4 Sistema SCADA.

A estimação de estados é baseada em quatro etapas para sua implementação (MONTICELLI, 2012). Primeiramente, a partir de informações de um configurador de redes, se obtém a topologia do sistema, incluindo como cada barra se conecta às demais, seus valores de impedâncias longitudinais e em paralelo (*shunt*), informações sobre *status* de disjuntores e abertura de chaves seccionadoras, incluindo dados sobre eventuais contingências em tempo real. Em seguida, é feita a análise da observabilidade da rede, ou seja, pressupondo-se uma quantidade mínima de medidores alocada em campo, é possível calcular todas as variáveis que determinam o estado operativo do sistema mediante algum recurso matemático? Caso seja possível, o algoritmo é utilizado, geralmente por meio da implementação computacional do método dos mínimos quadrados ponderados, o qual visa minimizar a diferença quadrática entre valores medidos e seus correspondentes calculados em função das magnitudes e ângulos de tensão em todas as barras do sistema. Por fim, uma análise estatística é executada a fim de verificar a presença de erros grosseiros, os quais podem comprometer o resultado das estimativas.

Uma vez que o algoritmo de estimação de estados é capaz de fornecer com precisão os valores de grandezas elétricas para toda uma área de interesse (denominada rede interna), pode-se conduzir outras análises a partir de outros algoritmos, como fluxo de potência, fluxo de potência ótimo, despacho de unidades geradoras, regulação de frequência, análise de contingências e análise de estabilidade, além de estabelecer modelos equivalentes mais precisos para a rede monitorada (WOOD; WOOLENBERG, 2005; KUNDUR; BALU; LAUBY, 2017). Essas funções são mostradas na Figura 1.5.

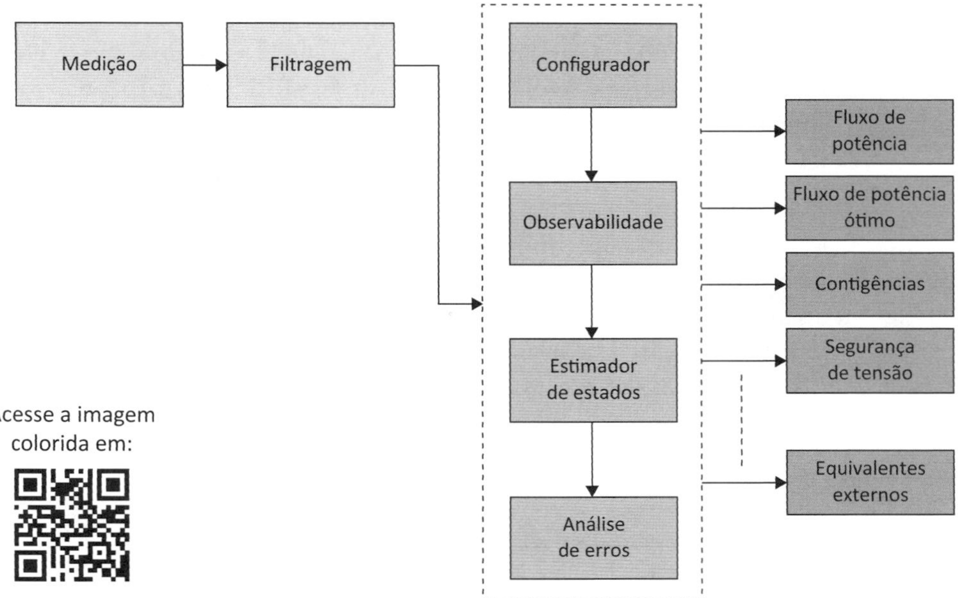

Acesse a imagem colorida em:

Figura 1.5 Funções em centro de controle.

Dentre as principais ferramentas utilizadas em um centro de controle, uma das mais importantes é o fluxo de potência, o qual é baseado no conhecimento de um modelo barra-ramo confiável considerando o circuito em estado permanente. Dessa forma, análises estáticas podem ser efetuadas considerando-se a carga fixa e única para determinado instante de avaliação.

Geralmente, a partir de uma condição de carga especificada, é possível calcular as tensões (magnitudes e ângulos) em todas as barras do sistema mediante equações algébricas que estabelecem as relações entre essas grandezas elétricas.

1.3 TIPOS DE BARRAS

Para os estudos de fluxo de potência, é necessário definir o tipo de barra sendo modelada no circuito elétrico. Existem, essencialmente, três tipos primordiais de barras:

- Barras de carga: são determinadas a partir da especificação das potências ativas (P_k) e reativas (Q_k) demandadas pelas unidades consumidoras em uma barra k genérica. A partir delas, é possível calcular, pelo fluxo de potência, as magnitudes V_k e ângulos de tensão nessas barras.
- Barras de geração: são as barras em que são especificados os valores de potência ativa gerada (P_k) e o valor fixado da tensão V_k em seus terminais. A partir dessa especificação, pode-se calcular a potência reativa da unidade geradora Q_k, bem como seu ângulo de fase.

- Barra de referência (ou barra *slack*): essencialmente, esta barra é escolhida para a determinação do nó, em geral de geração, o qual será escolhido como referência angular para o sistema, sendo seu ângulo de fase fixado em zero grau, tradicionalmente. Portanto, especificam-se os valores de V_k e θ_k para a barra e calculam-se os valores de potência ativa e reativa (P_k e Q_k, respectivamente).

A Tabela 1.1 mostra, para cada tipo de barra, os valores que são especificados e calculados respectivamente para cada uma delas. Vale a pena salientar que, essencialmente, existem apenas barras de geração e carga nas redes elétricas. Entretanto, por necessidade de representação de controles das variáveis elétricas e escolha de uma referência angular, têm-se as definições adotadas nesta obra.

Tabela 1.1 Tipos de barras

Tipo de barra	Valores especificados	Valores calculados
Carga (barras PQ)	P_k Q_k	V_k θ_k
Geração (barras PV)	V_k θ_k	θ_k Q_k
Referência (barra Vθ)	V_k θ_k	P_k Q_k

Como é possível inferir, o fluxo de potência especifica duas variáveis para uma determinada barra e calcula os outros dois, sendo necessário estabelecer uma relação entre as potências líquidas (ativas e reativas) e as tensões (magnitudes e ângulos) em todas as barras do sistema.

Uma barra pode estar associada tanto a um valor de potência injetada por unidades geradoras, sendo estas potências geradas ativas $P_{g,k}$ e reativas $Q_{g,k}$, como a potências demandadas ativas $P_{d,k}$ e reativas $Q_{d,k}$. Para estabelecer o valor de potência líquida especificada em uma barra, deve-se utilizar as seguintes equações para a potência ativa e reativa, respectivamente. Note que uma barra pode estar associada a valores de potência gerada e consumida (demandada) ao mesmo tempo.

$$P_k^{esp} = P_{g,k} - P_{d,k}$$

$$Q_k^{esp} = Q_{g,k} - Q_{d,k}$$

Na Figura 1.6, mostra-se o esquemático de uma barra k genérica de um sistema elétrico. Note que é necessário estabelecer as relações entre as potências e tensões fasoriais conforme explicado.

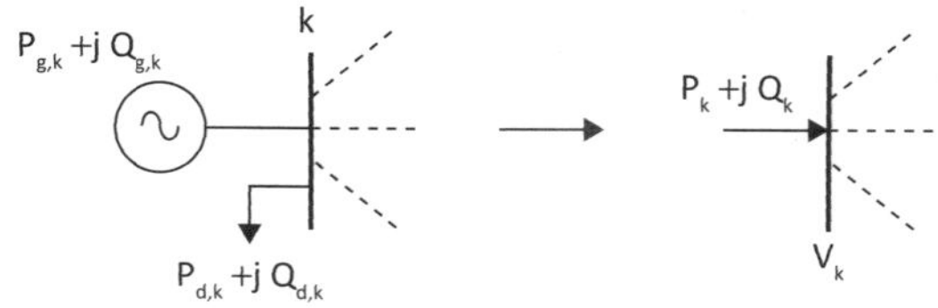

Acesse a imagem colorida em:

Figura 1.6 Representação de barra do sistema.

Ainda, utilizando as leis de Kirchhoff, pode-se afirmar que a corrente fasorial $\dot{I}_k$ em uma determinada barra do sistema será o somatório de todas as correntes passantes pelos ramos conectados diretamente àquela barra, incluindo a injeção de corrente $\dot{I}_k^{sh}$ na própria barra k efetuada por qualquer elemento conectado em paralelo a ela. Matematicamente, tem-se a equação a seguir, em que K representa o conjunto de barras m conectadas diretamente à barra k.

$$\dot{I}_k + \dot{I}_k^{sh} = \sum_{m \in K} \dot{I}_{km}$$

Analogamente, podem-se deduzir as expressões de potências ativas e reativas em função dos fluxos respectivos passantes em ramos do sistema:

$$P_k = \sum_{m \in K} P_{km}$$

$$Q_k + Q_k^{sh} = \sum_{m \in K} Q_{km}$$

Desta forma, é possível determinar as relações entre as potências injetadas por unidades geradoras e as demandadas por cargas do sistema modeladas por potências constantes. Além disso, aplicando leis de Kirchhoff, torna-se possível entender o equacionamento entre as potências líquidas em uma barra e os fluxos passantes em ramos da rede.

1.4 FLUXO EM LINHAS DE TRANSMISSÃO

Sabendo que as unidades geradoras e consumidoras serão representadas por seus respectivos valores de potências injetadas em uma barra genérica do sistema, devem-se então modelar os ramos do sistema, sejam eles representativos de linhas de transmissão ou transformadores.

O modelo de uma linha de transmissão é representado pela Figura 1.7:

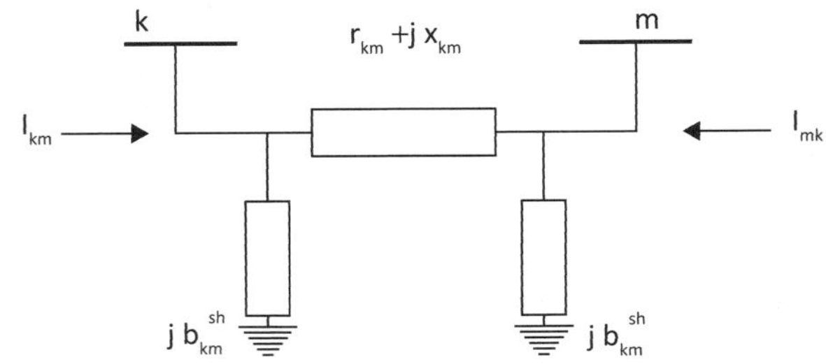

Figura 1.7 Modelo PI da linha de transmissão.

As linhas de transmissão são comumente representadas por seus modelos PI a parâmetros concentrados nos sistemas elétricos de potência, sendo determinados por três valores: a resistência longitudinal (r_{km}), a reatância indutiva da linha (x_{km}) e a susceptância *shunt* (b_{km}^{sh}).

A impedância do elemento longitudinal é dada pela equação a seguir:

$$z_{km} = r_{km} + jx_{km}$$

É possível calcular sua admitância série equivalente, determinada pelos valores de condutância e susceptância longitudinais (g_{km} e b_{km}, respectivamente):

$$y_{km} = g_{km} + jb_{km} = \frac{1}{z_{km}} = \frac{r_{km}}{r_{km}^2 + x_{km}^2} - j\frac{x_{km}}{r_{km}^2 + x_{km}^2}$$

Tradicionalmente, os valores de resistência e reatância são positivos; o de condutância é positivo e o de susceptância é negativo, indicando uma linha de transmissão com característica indutiva.

A corrente fasorial passante em uma linha de transmissão entre uma barra genérica *k* e outra *m* é dada pela equação:

$$\dot{I}_{km} = y_{km}\left(\dot{V}_k - \dot{V}_m\right) + jb_{km}^{sh}\dot{V}_k$$

Analogamente, tem-se a corrente passante de *m* para *k*:

$$\dot{I}_{mk} = y_{km}\left(\dot{V}_m - \dot{V}_k\right) + jb_{km}^{sh}\dot{V}_m$$

Note que, apesar de, inicialmente, parecer que os fluxos de corrente passantes pelas linhas em um sentido e outro são iguais, isso não é averiguado na prática. O somatório vetorial entre $\dot{I}_{km}$ e $\dot{I}_{mk}$ possibilita determinar as perdas em uma linha de transmissão associadas ao efeito Joule.

O fluxo de potência complexa pode ser calculado por:

$$S_{km}^* = P_{km} - jQ_{km} = \dot{V}_k^* \dot{I}_{km} = \dot{V}_k^* \left[y_{km} \left(\dot{V}_k - \dot{V}_m \right) + jb_{km}^{sh} \dot{V}_k \right]$$

Separando em partes real e imaginária, obtêm-se as equações de fluxos passantes nas linhas, em suas partes real e imaginária respectivamente, em que $\theta_{km} = \theta_k - \theta_m$.

$$P_{km} = V_k^2 g_{km} - V_k V_m \left(g_{km} \cos\left(\theta_{km}\right) + b_{km} sen\left(\theta_{km}\right) \right)$$

$$Q_{km} = -V_k^2 \left(b_{km} + b_{km}^{sh} \right) + V_k V_m \left(b_{km} \cos\left(\theta_{km}\right) - g_{km} sen\left(\theta_{km}\right) \right)$$

Note que, para expressar os valores dos fluxos ativos e reativos, os valores da magnitude e ângulos das tensões nas barras do sistema são apresentados em coordenadas polares.

Os fluxos de m para a barra k são obtidos de forma análoga:

$$P_{mk} = V_m^2 g_{km} - V_k V_m \left(g_{km} \cos\left(\theta_{km}\right) - b_{km} sen\left(\theta_{km}\right) \right)$$

$$Q_{mk} = -V_m^2 \left(b_{km} + b_{km}^{sh} \right) + V_k V_m \left(b_{km} \cos\left(\theta_{km}\right) + g_{km} sen\left(\theta_{km}\right) \right)$$

É possível estipular as perdas ativas e reativas em uma linha de transmissão a partir das seguintes equações:

$$P_{km} + P_{mk} = g_{km} \left(V_k^2 + V_m^2 - 2V_k V_m \cos\left(\theta_{km}\right) \right)$$

$$Q_{km} + Q_{mk} = -b_{km}^{sh} \left(V_k^2 + V_m^2 \right) - b_{km} \left(V_k^2 + V_m^2 - 2V_k V_m \cos\left(\theta_{km}\right) \right)$$

1.5 FLUXO EM TRANSFORMADORES

Além da conexão entre duas barras adjacentes ser feita por linhas de transmissão, ela também pode ocorrer mediante transformadores em fase ou defasadores. Seja um transformador em fase com relação a definida pela seguinte equação, em que os nós p e k são determinados na Figura 1.8:

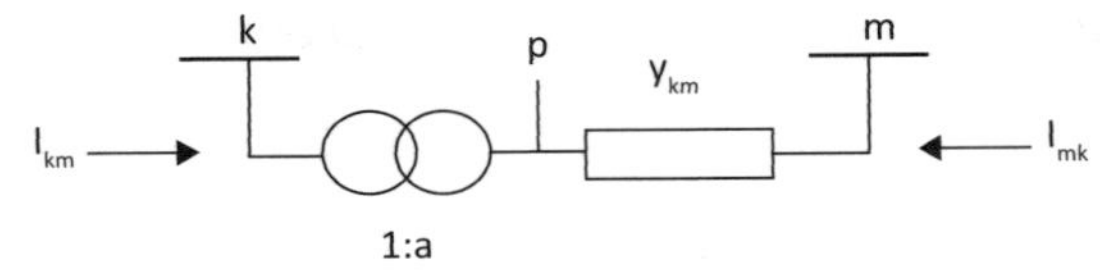

Figura 1.8 Modelo de transformador.

$$a = \frac{V_p}{V_k}$$

Para o transformador em fase, sabe-se que os fluxos de potência complexa passantes em seus lados primário e secundário são iguais, desprezando perdas por correntes de Foucault e de magnetização:

$$\dot{V}_k \dot{I}_{km}^* + \dot{V}_p \dot{I}_{mk}^* = 0$$

Portanto, a corrente passante no ramo será igual a:

$$\dot{I}_{km} = -a y_{km}\left(\dot{V}_m - \dot{V}_p\right) = a^2 y_{km} \dot{V}_k - a y_{km} \dot{V}_m$$

$$\dot{I}_{mk} = y_{km}\left(\dot{V}_m - \dot{V}_p\right) = y_{km} \dot{V}_m - a y_{km} \dot{V}_k$$

Os fluxos de potência ativa e reativa entre as barras *k* e *m* podem ser deduzidos como:

$$P_{km} = a^2 V_k^2 g_{km} - a V_k V_m \left(g_{km} \cos\left(\theta_{km}\right) + b_{km} sen\left(\theta_{km}\right)\right)$$

$$Q_{km} = -a^2 V_k^2 \left(b_{km} + b_{km}^{sh}\right) + a V_k V_m \left(b_{km} \cos\left(\theta_{km}\right) - g_{km} sen\left(\theta_{km}\right)\right)$$

Os fluxos de potência ativa e reativa entre as barras *k* e *m*, que são conectadas por um transformador defasador (que desloca o ângulo entre o primário e o secundário de um ângulo φ_{km}), são:

$$P_{km} = a^2 V_k^2 g_{km} - a V_k V_m \left(g_{km} \cos\left(\theta_{km} + \varphi_{km}\right) + b_{km} sen\left(\theta_{km} + \varphi_{km}\right)\right)$$

$$Q_{km} = -a^2 V_k^2 b_{km} + a V_k V_m \left(b_{km} \cos\left(\theta_{km} + \varphi_{km}\right) - g_{km} sen\left(\theta_{km} + \varphi_{km}\right)\right)$$

1.6 REPRESENTAÇÃO MATRICIAL DE REDES

O cálculo dos fluxos considerando apenas duas barras adjacentes é de fácil compreensão. Entretanto, esse cálculo se torna mais complexo quando se considera uma rede elétrica com maior quantidade de nós (barras). Assim, uma abordagem matricial é necessária.

Primeiramente, é necessário determinar a matriz de admitâncias nodais da rede, a qual contém informações preciosas sobre a topologia, a configuração e os parâmetros do sistema elétrico sob análise (ZANETTA Jr., 2006). Tradicionalmente, forma-se uma matriz de admitâncias primitiva e, a partir de uma matriz de incidência, define-se a denominada matriz de admitância nodal, [**Y**].

Geralmente, os elementos de um circuito são dados em função de suas impedâncias longitudinais e em série. Entretanto, é possível determinar a matriz de admitância nodal considerando o equacionamento algébrico visto até este ponto do livro.

Tomemos como exemplo o sistema elétrico de quatro barras representado na Figura 1.9.

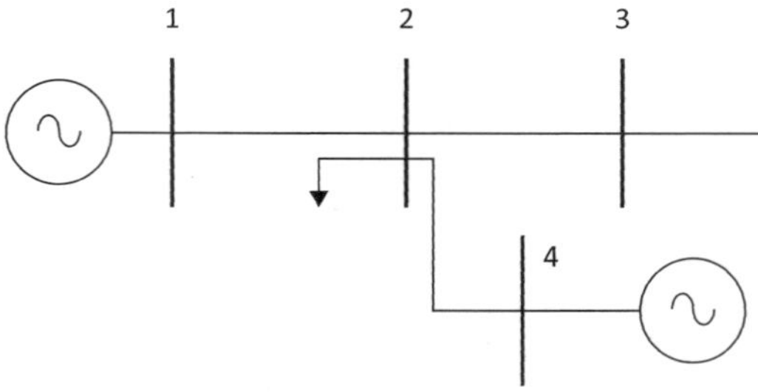

Figura 1.9 Sistema ilustrativo de quatro barras.

A Tabela 1.2 exibe seus valores de impedâncias entre as barras do sistema, e a Tabela 1.3, os valores de admitâncias de cada trecho.

Tabela 1.2 Dados de impedâncias

De *(k)*	Para (*m*)	$r_{km}(pu)$	$x_{km}(pu)$	b_{km}^{sh} (pu)
1	2	0,20	0,10	-
2	3	0,20	0,10	-
2	4	0,10	0,05	-

Tabela 1.3 Dados de admitâncias

De (k)	Para (m)	$g_{km}(pu)$	$b_{km}(pu)$	$b_{km}^{sh}(pu)$
1	2	4	-2	-
2	3	4	-2	-
2	4	8	-4	-

A regra de formação da matriz de admitância nodal segue a forma apresentada:

$$\left[\mathbf{Y}\right]=\begin{bmatrix} y_{12} & -y_{12} & 0 & 0 \\ -y_{12} & y_{12}+y_{23}+y_{24} & -y_{23} & -y_{24} \\ 0 & -y_{23} & y_{23} & 0 \\ 0 & -y_{24} & 0 & y_{24} \end{bmatrix}$$

Note que os elementos das diagonais são positivos definidos e os fora da diagonal são negativos. Os elementos da diagonal são compostos pelo somatório das admitâncias que coincidem nos nós correspondentes (ZANETTA JR., 2006). Por exemplo, a barra 2 está conectada às barras 1, 3 e 4, portanto o segundo elemento da diagonal é formado pelo somatório de todas as admitâncias dos trechos que conectam tais barras à barra 2 da rede. O elemento da primeira linha e segunda coluna representa a admitância entre as barras 1 e 2. O elemento da terceira linha e segunda coluna representa a admitância vista entre a barra 3 e 2, e assim por diante. Esta regra de formação é amplamente utilizada para análise de sistemas de potência como definição para a formação da matriz de admitância nodal. A matriz possui dimensão igual ao número de barras envolvidas na análise e possui simetria.

Neste exemplo, não existe elemento *shunt* em nenhuma barra do sistema, visto que a susceptância de todas as linhas é nula. Entretanto, caso existissem, seus valores seriam adicionados aos elementos nas diagonais da matriz.

A matriz de admitância [Y] do sistema é quadrada e possui dimensão 4 × 4, como se pode ver no sistema a seguir, em que são separadas a matriz de condutâncias $\left[\mathbf{G}\right]$ e a de susceptâncias $\left[\mathbf{B}\right]$.

$$\left[\mathbf{Y}\right]=\begin{bmatrix} 4 & -4 & 0 & 0 \\ -4 & 16 & -4 & -8 \\ 0 & -4 & 4 & 0 \\ 0 & -8 & 0 & 8 \end{bmatrix}+j\begin{bmatrix} -2 & 2 & 0 & 0 \\ 2 & -8 & 2 & 4 \\ 0 & 2 & -2 & 0 \\ 0 & 4 & 0 & -4 \end{bmatrix}$$

$$\left[\mathbf{Y}\right]=\left[\mathbf{G}\right]+\mathrm{j}\left[\mathbf{B}\right]$$

Suponha que os fasores de correntes nodais $\left[\mathrm{I}\right]$ e tensões $\left[\mathrm{V}\right]$ em todas as barras do sistema fossem conhecidos. A notação matricial a seguir estabeleceria as relações entre admitância, tensões e correntes em cada barra do sistema:

$$\left[\mathrm{V}\right]=\left[\mathrm{Y}\right]^{-1}\left[\mathrm{I}\right]$$

Abrindo-se os vetores e as matrizes, o seguinte sistema matricial seria definido, conforme mostrado a seguir:

$$\begin{bmatrix} \dot{V}_1 \\ \dot{V}_2 \\ \dot{V}_3 \\ \dot{V}_4 \end{bmatrix} = \begin{bmatrix} 4-j2 & -4+j2 & 0 & 0 \\ -4+j2 & 16-j8 & -4+j2 & -8+j4 \\ 0 & -4+j2 & 4-j2 & 0 \\ 0 & -8+j4 & 0 & 8-j4 \end{bmatrix}^{-1} \begin{bmatrix} \dot{I}_1 \\ \dot{I}_2 \\ \dot{I}_3 \\ \dot{I}_4 \end{bmatrix}$$

1.7 FLUXO DE POTÊNCIA PELO MÉTODO DE NEWTON-RAPHSON

Note que as relações entre tensões fasoriais e correntes são estabelecidas por meio da matriz de admitância nodal. Caso as cargas dos sistemas fossem especificadas a partir dos valores de corrente demandada, tal solução seria factível. Entretanto, as cargas e gerações são determinadas a partir de valores de potências ativas e reativas, sendo necessário calcular as tensões (magnitudes e ângulos) em função das potências especificadas. Note que a relação entre potências complexas e tensões fasoriais é não linear. Portanto, o fluxo de potência completo considera essa relação intrínseca ao problema formulado.

A potência complexa em uma barra genérica pode ser calculada pela seguinte expressão matemática, sendo um número complexo cuja parte real é a potência ativa e a imaginária é a reativa:

$$S_k = P_k + jQ_k$$

Matematicamente, pode ser obtida pelas seguintes expressões:

$$S_k = \dot{V}_k\left(\dot{I}_k^*\right) = \dot{V}_k\left(\sum_{m\in K}\dot{I}_{km}\right)^*$$

A fim de eliminar da equação a expressão envolvendo a corrente, a expressão pode ser a seguinte:

$$S_k = \dot{V}_k\left(\sum_{m\in K}\dot{V}_m\left(Y_{km}\right)\right)^* = \dot{V}_k\left(\sum_{m\in K}\dot{V}_m\left(G_{km}+jB_{km}\right)\right)^*$$

Separando em parte real e imaginária a expressão anterior, é possível calcular as potências ativas e reativas em função das magnitudes e ângulos $(\mathbf{V},\theta)$ de todas as barras do sistema. K é conjunto de barras conectadas à barra k incluindo a mesma.

$$P_k(\mathbf{V},\theta) = V_k \sum_{m\in K} V_m \left(G_{km}\cos(\theta_{\mathrm{km}}) + B_{km}sen(\theta_{km})\right)$$

$$Q_k(\mathbf{V},\theta) = V_k \sum_{m\in K} V_m \left(G_{km}\mathrm{sen}(\theta_{\mathrm{km}}) - B_{km}cos(\theta_{km})\right)$$

Essas são comumente chamadas de equações algébricas do fluxo de potência, as quais são não lineares e transcendentais, exigindo métodos numéricos apropriados para que as raízes dessas funções sejam encontradas de maneira iterativa.

Para a Figura 1.9, em que um sistema de quatro barras é mostrado, tem-se uma barra de referência Vθ, uma barra de geração PV e duas barras de carga PQ.

Para a barra de referência, considere que são especificados os valores de magnitude de tensão igual a 1 pu e que o ângulo é nulo. Para a barra 4, de geração, especifica-se o valor de potência ativa em 0,09 pu e a tensão em 0,98 pu. Os valores, para as barras de carga, são listados na Tabela 1.4.

Tabela 1.4 Dados de barra do sistema de quatro barras

Barra *(k)*	V_k (pu)	θ_K (°)	$P_{g,k}$ (pu)	$Q_{g,k}$ (pu)	$P_{d,k}$ (pu)	$Q_{d,k}$ (pu)
1	1,00	0,00	-	-	-	-
2	-	-	-	-	-0,02	-0,01
3	-	-	-	-	-0,04	-0,01
4	0,98	-	0,09	-	-0,04	-0,02

Neste exemplo, são especificados os valores de potência ativa líquida nas barras PV e nas barras PQ. Os valores de potências reativas são especificados apenas para as barras PQ. Portanto, o número total de potências especificadas é igual a $2N_{pq} + N_{PV}$. Para o exemplo em questão, estão especificados, portanto, 5 valores de potências.

O intuito do cálculo do fluxo de potência é minimizar a diferença entre os valores fixos especificados de potências e os valores calculados em função das tensões nas barras $(\mathbf{V},\theta)$. Definiremos, então, o conceito de resíduos de potência como a diferença absoluta entre os valores especificados e os calculados (funcionais) correspondentes, da seguinte forma:

$$\Delta P_k = \left|P_k^{esp} - P_k(\mathbf{V},\theta)\right| \; \textit{para as barras PV e barras PQ}$$

$$\Delta Q_k = \left|Q_k^{esp} - Q_k\left(\mathbf{V},\theta\right)\right| \text{ } \textit{para as barras PQ}$$

O objetivo é que esta diferença seja o mais próxima possível de zero. As expressões de resíduos podem ser colocadas na forma vetorial, expressando que podem ser definidas para todas as barras de interesse do sistema:

$$\Delta \mathbf{P} = \left|\mathbf{P}^{esp} - \mathbf{P}\left(\mathbf{V},\theta\right)\right| \text{ } \textit{para as barras PV e barras PQ}$$

$$\Delta \mathbf{Q} = \left|\mathbf{Q}^{esp} - \mathbf{Q}\left(\mathbf{V},\theta\right)\right| \text{ } \textit{para as barras PQ}$$

Para determinar as tensões em todas as barras do sistema, pode-se utilizar o método de Newton-Raphson, em que as variáveis de estados são calculadas iterativamente a partir de uma estipulação inicial de seus valores. Inicialmente, para as barras em que se deseja calcular a magnitude e o ângulo de tensão, esses valores são adotados como 1 pu e fase zero. Os valores verdadeiros são obtidos iterativamente.

A partir de uma estipulação inicial para as tensões, forma-se o seguinte sistema matricial:

$$\begin{bmatrix} \Delta \mathbf{P} \\ \Delta \mathbf{Q} \end{bmatrix} = \begin{bmatrix} \mathbf{J_{P\theta}} & \mathbf{J_{PV}} \\ \mathbf{J_{Q\theta}} & \mathbf{J_{QV}} \end{bmatrix} \begin{bmatrix} \Delta \theta \\ \Delta \mathbf{V} \end{bmatrix}$$

$$\Delta \boldsymbol{Y} = [\boldsymbol{J}_{ac}]\Delta \boldsymbol{X}$$

em que as submatrizes $\mathbf{J_{P\theta}}$, $\mathbf{J_{PV}}$, $\mathbf{J_{Q\theta}}$ e $\mathbf{J_{QV}}$ são determinadas pelas derivadas parciais das potências em relação às variáveis de estado (magnitudes e ângulos de tensão em cada barra). A matriz formada pelas submatrizes é chamada de matriz jacobiana ($[\boldsymbol{J}_{ac}]$) do fluxo de potência, sendo quadrada e de dimensão igual a $2N_{pq} + N_{PV}$. Os elementos das submatrizes são os seguintes:

Elementos de $\mathbf{J_{P\theta}}$:

$$\frac{dP_k}{d\theta_k} = \sum_{m \in K} V_k V_m \left(-G_{km} sen\left(\theta_{km}\right) + B_{km} \cos\left(\theta_{km}\right)\right) - V_k^2 b_{kk}$$

$$\frac{dP_k}{d\theta_m} = V_k V_m \left(G_{km} sen\left(\theta_{km}\right) - B_{km} \cos\left(\theta_{km}\right)\right)$$

Elementos de $\mathbf{J_{PV}}$:

$$\frac{dP_k}{dV_k} = \sum_{m \in K} V_m \left(G_{km} cos\left(\theta_{km}\right) + B_{km} \text{sen}\left(\theta_{km}\right)\right) + V_k g_{kk}$$

$$\frac{dP_k}{dV_m} = V_k \left(G_{km} cos\left(\theta_{km}\right) + B_{km} \text{sen}\left(\theta_{km}\right)\right)$$

Elementos de $\mathbf{J_{Q\theta}}$:

$$\frac{dQ_k}{d\theta_k} = \sum_{m \in K} V_k V_m \left(G_{km} cos\left(\theta_{km}\right) + B_{km} \text{sen}\left(\theta_{km}\right)\right) - V_k^2 G_{kk}$$

$$\frac{dQ_k}{d\theta_m} = V_k V_m \left(-G_{km} cos\left(\theta_{km}\right) - B_{km} \text{sen}\left(\theta_{km}\right)\right)$$

Elementos de $\mathbf{J_{QV}}$:

$$\frac{dQ_k}{dV_k} = \sum_{m \in K} V_m \left(G_{km} sen\left(\theta_{km}\right) - B_{km} \cos\left(\theta_{km}\right)\right) - V_k B_{kk}$$

$$\frac{dQ_k}{dV_m} = V_k \left(G_{km} sen\left(\theta_{km}\right) - B_{km} \cos\left(\theta_{km}\right)\right)$$

Assumindo-se que os valores de magnitude e ângulo de tensão são 1 e zero, respectivamente, é possível calcular os valores de potências ativas e reativas por meio das equações do fluxo de potência. Ao comparar os valores calculados com os especificados, possivelmente, os resíduos resultarão em valores altos, longe do objetivo, que é zerar a diferença entre os valores especificados e calculados.

Entretanto, com esses valores de resíduos de potência calculados para todas as barras, é possível determinar os valores dos resíduos e calcular as derivadas parciais que formam a jacobiana do sistema matricial. Assim, determina-se o vetor de solução contendo as variáveis de estado:

$$\begin{bmatrix} \Delta\theta \\ \Delta\mathbf{V} \end{bmatrix} = \begin{bmatrix} \mathbf{J_{P\theta}} & \mathbf{J_{PV}} \\ \mathbf{J_{Q\theta}} & \mathbf{J_{QV}} \end{bmatrix}^{-1} \begin{bmatrix} \Delta\mathbf{P} \\ \Delta\mathbf{Q} \end{bmatrix}$$

$$\Delta \boldsymbol{X} = \left[\boldsymbol{J_{ac}}\right]^{-1} \Delta \boldsymbol{Y}$$

Em uma determinada iteração, obtém-se os valores dos resíduos de magnitude e ângulo em cada barra, os quais poderão ser atualizados da seguinte forma iterativa:

$$\mathbf{V}^{\mathbf{it}+1} = \mathbf{V}^{\mathbf{it}} + \Delta\mathbf{V} \quad \textit{para as barras PQ}$$

$$\theta^{\mathbf{it}+1} = \theta^{\mathbf{it}} + \Delta\theta \quad \textit{para as barras PV e barras PQ}$$

O cálculo pode ser feito para cada variável associada a cada barra de forma similar:

$$V_k^{it+1} = V_k^{it} + \Delta V_k$$

$$\theta_k^{it+1} = \theta_k^{it} + \Delta\theta_k$$

Note que novos valores atualizados de tensões (magnitudes e ângulos) foram obtidos. Esses serão utilizados nas equações de fluxo de potência para calcular novamente os valores de potências ativas e reativas, os quais, por sua vez, serão comparados com os valores fixos especificados. Se a diferença entre os valores for muito alta, mais uma iteração será realizada. Se, ao contrário, o maior valor dos resíduos estiver abaixo de um valor de tolerância, geralmente 10^{-6} pu, diz-se que o processo convergiu e a resposta foi obtida. Tal processo de convergência é descrito a seguir:

$$\max\left(\left|\Delta\mathbf{P}, \Delta\mathbf{Q}\right|\right) < tol$$

Com o vetor de solução obtido na última iteração, pode-se calcular todas as outras grandezas elétricas, como fluxos passantes entre quaisquer barras adjacentes, com as equações de fluxo ativo e reativo explicitadas neste capítulo. Além disso, para as barras PV em que as tensões são especificadas é possível calcular as potências reativas injetadas pela unidade geradora e as potências ativa e reativa associadas à barra de referência.

Vale uma ressalva importante para este caso: a barra de referência está associada a todas as perdas elétricas do sistema, neste caso, a fim de se fechar o balanço entre o que é gerado e consumido pelo sistema. Portanto, a barra *slack* possui duas funções: ela fornece referência angular e fecha o balanço entre o que é gerado e o que é consumido no sistema.

Como as tensões dos sistemas de potência são próximas ao valor unitário e possuem abertura angular próxima a zero, a estipulação inicial não fica longe da solução ideal para a condição de carga especificada. Portanto, é comum que a solução de um fluxo de potência sem controles de tensão e/ou frequência possua convergência rápida, geralmente em torno de três iterações.

Para o exemplo tutorial de quatro barras, a matriz jacobiana e o sistema de equações seria expresso conforme a seguir:

$$\begin{bmatrix} \Delta P_2 \\ \Delta P_3 \\ \Delta P_4 \\ \Delta Q_3 \\ \Delta Q_4 \end{bmatrix} = \begin{bmatrix} \partial P_2/\partial\theta_2 & \partial P_2/\partial\theta_3 & \partial P_2/\partial\theta_4 & \partial P_2/\partial V_3 & \partial P_2/\partial V_4 \\ \partial P_3/\partial\theta_2 & \partial P_3/\partial\theta_3 & \partial P_3/\partial\theta_4 & \partial P_3/\partial V_3 & \partial P_3/\partial V_4 \\ \partial P_4/\partial\theta_2 & \partial P_4/\partial\theta_3 & \partial P_4/\partial\theta_4 & \partial P_4/\partial V_3 & \partial P_4/\partial V_4 \\ \partial Q_3/\partial\theta_2 & \partial Q_3/\partial\theta_3 & \partial Q_3/\partial\theta_4 & \partial Q_3/\partial V_3 & \partial Q_3/\partial V_4 \\ \partial Q_4/\partial\theta_2 & \partial Q_4/\partial\theta_3 & \partial Q_4/\partial\theta_4 & \partial Q_4/\partial V_3 & \partial Q_4/\partial V_4 \end{bmatrix} \begin{bmatrix} \Delta\theta_2 \\ \Delta\theta_3 \\ \Delta\theta_4 \\ \Delta V_3 \\ \Delta V_4 \end{bmatrix}$$

A partir de uma inicialização em que as tensões são iguais a 1 pu e ângulos iguais a zero grau, executa-se um fluxo de potência, a partir de um código programado, e obtém-se o resultado calculado via Newton-Raphson em duas iterações com tolerância de 0,0001 pu.

Os resultados são mostrados nas Tabelas 1.5 e 1.6, contendo, respectivamente, as variáveis nodais e os fluxos passantes nos ramos do sistema.

Tabela 1.5 Resultado do fluxo de potência para o sistema tutorial por barra

Barra *(k)*	V_k (pu)	θ_k (°)	P_k (pu)	Q_k (pu)
1	1,0000	0,0000	0,0171	0,1535
2	0,9817	1,6916	-0,0200	-0,0100
3	0,9724	1,5716	-0,0400	-0,0100
4	0,9800	2,6141	0,0500	-0,1299

Tabela 1.6 Resultado do fluxo de potência para o sistema tutorial por linha

1	2	0,0171	0,1535
2	3	0,0404	0,0102
2	4	-0,0480	0,1309

O método tradicional de Newton-Raphson é o mais utilizado para resolver o fluxo de potência em coordenadas polares, ou seja, em que as variáveis são formuladas considerando suas magnitudes e ângulos de tensão em cada barra. Outros métodos computacionais podem ser aplicados, como Gauss-Seidel (MONTICELLI, 1983). Como esse método é bastante explorado em outras referências bibliográficas e não é tão utilizado como o Newton-Raphson, ele não será abordado nesta obra.

1.8 REPRESENTAÇÃO DE LIMITES DE REATIVOS

Durante o cálculo do fluxo de potência, é comum que alguma barra de geração PV exceda seu valor de potência reativa mínima ou máxima associada à unidade de geração (PASSOS FILHO, 2005). Matematicamente, o fluxo de potência irá determinar um valor acima do intervalo permitido, porém este valor não representará a capacidade real da máquina de gerar ou absorver reativos. Portanto, é necessário incluir a representação dos limites de reativos para esses casos.

Nos dados do sistema, é necessário informar os valores mínimos e máximos de potência reativa associados a cada unidade geradora. Suponha que esses valores estejam entre -10 MW e 10 MW, por exemplo, na barra 4 do exemplo ilustrativo.

Um procedimento bastante utilizado é, após o fluxo passar pela primeira iteração, calcular os valores das potências reativas geradas em cada barra PV com as equações algébricas do fluxo de potência. Caso esse valor seja igual ou superior ao valor máximo, por exemplo 10 MW, é necessário reespecificar a barra. Portanto, a barra PV será momentaneamente transformada em uma barra PQ para o cálculo da próxima iteração. Neste caso, especifica-se como valor de Q o valor máximo permitido para aquela barra e calcula-se o valor de sua tensão na próxima iteração.

Desta forma, na próxima iteração, é possível calcular novamente o valor de potência reativa para esta barra com o valor atualizado de tensão. Novamente, a barra volta a ser PV, sendo o valor de tensão reespecificado para o novo valor calculado, e segue-se dessa forma a fim de encontrar a solução do problema.

Perceba que este procedimento tem como objetivo determinar o valor exato da solução respeitando os valores mínimos e máximos de geração de reativos de cada unidade geradora, sendo uma resposta muito mais prática e realista sob o ponto de vista operacional, uma vez que respeita limites físicos da máquina geradora.

1.9 REPRESENTAÇÃO DE CONTROLE DE TENSÃO E FREQUÊNCIA

A estrutura de formação do método de Newton-Raphson permite incluir variáveis de controle como a potência reativa Q_{ce} em uma barra *ce* específica de controle a ser calculada a fim de manter a tensão V_{cd} em uma barra controlada *cd*, com valor especificado (por exemplo, 0,98 pu), conforme estabelecido pela matriz jacobiana expandida a seguir e de acordo com Passos Filho (2005):

$$\begin{bmatrix} \Delta \mathbf{P} \\ \Delta \mathbf{Q} \\ \Delta \boldsymbol{V}_{cd} \end{bmatrix} = \begin{bmatrix} \mathbf{J}_{\mathbf{P}\theta} & \mathbf{J}_{\mathbf{Q}\theta} & J_{V\theta} \\ \mathbf{J}_{\mathbf{PV}} & \mathbf{J}_{\mathbf{QV}} & J_{VV} \\ J_{PQ} & J_{QQ} & J_{VQ} \end{bmatrix}^T \begin{bmatrix} \Delta \theta \\ \Delta \mathbf{V} \\ \Delta \boldsymbol{Q}_{ce} \end{bmatrix}$$

A atualização das variáveis de estados é dada de forma similar ao método tradicional, sendo:

$$V_k^{it+1} = V_k^{it} + \Delta V_k^{it}$$

$$\theta_k^{it+1} = \theta_k^{it} + \Delta \theta_k^{it}$$

$$Q_{ce}^{it+1} = Q_{ce}^{it} + \Delta Q_{ce}^{it}$$

Neste caso, o fluxo de potência demanda maior esforço computacional, sendo comum a convergência se dar em um número maior de iterações, por exemplo, seis iterações.

Para o exemplo ilustrativo de quatro barras, suponha que a barra 4 (PV) deva controlar a tensão na barra 3. O sistema matricial ficaria da seguinte forma:

$$\begin{bmatrix} \Delta P_2 \\ \Delta P_3 \\ \Delta P_4 \\ \Delta Q_3 \\ \Delta Q_4 \\ \Delta V_3 \end{bmatrix} = \begin{bmatrix} \partial P_2/\partial\theta_2 & \partial P_2/\partial\theta_3 & \partial P_2/\partial\theta_4 & \partial P_2/\partial V_3 & \partial P_2/\partial V_4 & \partial P_2/\partial Q_4 \\ \partial P_3/\partial\theta_2 & \partial P_3/\partial\theta_3 & \partial P_3/\partial\theta_4 & \partial P_3/\partial V_3 & \partial P_3/\partial V_4 & \partial P_3/\partial Q_4 \\ \partial P_4/\partial\theta_2 & \partial P_4/\partial\theta_3 & \partial P_4/\partial\theta_4 & \partial P_4/\partial V_3 & \partial P_4/\partial V_4 & \partial P_4/\partial Q_4 \\ \partial Q_3/\partial\theta_2 & \partial Q_3/\partial\theta_3 & \partial Q_3/\partial\theta_4 & \partial Q_3/\partial V_3 & \partial Q_3/\partial V_4 & \partial Q_3/\partial Q_4 \\ \partial Q_4/\partial\theta_2 & \partial Q_4/\partial\theta_3 & \partial Q_4/\partial\theta_4 & \partial Q_4/\partial V_3 & \partial Q_4/\partial V_4 & \partial Q_4/\partial Q_4 \\ \partial V_3/\partial\theta_2 & \partial V_3/\partial\theta_3 & \partial V_3/\partial\theta_4 & \partial V_3/\partial V_3 & \partial V_3/\partial V_4 & \partial V_3/\partial Q_4 \end{bmatrix} \begin{bmatrix} \Delta\theta_2 \\ \Delta\theta_3 \\ \Delta\theta_4 \\ \Delta V_3 \\ \Delta V_4 \\ \Delta Q_3 \end{bmatrix}$$

o qual pode ser expresso a seguir:

$$\begin{bmatrix} \Delta P_2 \\ \Delta P_3 \\ \Delta P_4 \\ \Delta Q_3 \\ \Delta Q_4 \\ \Delta V_3 \end{bmatrix} = \begin{bmatrix} \partial P_2/\partial\theta_2 & \partial P_2/\partial\theta_3 & \partial P_2/\partial\theta_4 & \partial P_2/\partial V_3 & \partial P_2/\partial V_4 & \partial P_2/\partial Q_4 = 0 \\ \partial P_3/\partial\theta_2 & \partial P_3/\partial\theta_3 & \partial P_3/\partial\theta_4 & \partial P_3/\partial V_3 & \partial P_3/\partial V_4 & \partial P_3/\partial Q_4 = 0 \\ \partial P_4/\partial\theta_2 & \partial P_4/\partial\theta_3 & \partial P_4/\partial\theta_4 & \partial P_4/\partial V_3 & \partial P_4/\partial V_4 & \partial P_4/\partial Q_4 = 0 \\ \partial Q_3/\partial\theta_2 & \partial Q_3/\partial\theta_3 & \partial Q_3/\partial\theta_4 & \partial Q_3/\partial V_3 & \partial Q_3/\partial V_4 & \partial Q_3/\partial Q_4 = 0 \\ \partial Q_4/\partial\theta_2 & \partial Q_4/\partial\theta_3 & \partial Q_4/\partial\theta_4 & \partial Q_4/\partial V_3 & \partial Q_4/\partial V_4 & 1 \\ 0 & 0 & 0 & 1 & 0 & \partial V_3/\partial Q_4 \end{bmatrix} \begin{bmatrix} \Delta\theta_2 \\ \Delta\theta_3 \\ \Delta\theta_4 \\ \Delta V_3 \\ \Delta V_4 \\ \Delta Q_4 \end{bmatrix}$$

Outra variação possível de se estabelecer é a inclusão da variável calculável frequência em Hz, a qual deve ser computada principalmente em fluxos de potência aplicados em microrredes isoladas, conforme estabelecido a seguir:

$$\begin{bmatrix} \Delta \mathbf{P} \\ \Delta \mathbf{Q} \\ \Delta\theta \end{bmatrix} = \begin{bmatrix} \mathbf{J_{P\theta}} & \mathbf{J_{Q\theta}} & J_{\theta\theta} \\ \mathbf{J_{PV}} & \mathbf{J_{QV}} & J_{\theta V} \\ J_{Pf} & J_{Qf} & J_{\theta f} \end{bmatrix}^T \begin{bmatrix} \Delta\theta \\ \Delta \mathbf{V} \\ \Delta \boldsymbol{f} \end{bmatrix}$$

Note que, neste caso, é comum representar as potências geradas $P_{g,k}$ e $Q_{g,k}$ calculadas em função de suas características de queda de frequência e tensão, em livre tradução das expressões em inglês *frequency and voltage droop control characteristics* (ALVES, 2019; GATTA; PASSOS FILHO; PEREIRA, 2019; SOUSA; MELO, 2022). As equações a seguir expressam tal relação em que K_f e K_v são constantes características de cada máquina, que representam sua regulação primária e relação entre as variáveis de controle e a geração:

$$P_{g,k} = P_{g,k}^0 + K_f\left(f - f^0\right)$$

$$Q_{g,k} = Q_{g,k}^0 + K_v\left(V_k - V_k^0\right)$$

Os valores de K_f e K_v são números reais negativos (menores que zero), representando a queda de tensão e frequência características de cada unidade geradora. São obtidos pelo inverso do valor do estatismo, o qual é geralmente 5% em relação à potência em pu da máquina.

Os índices *0* denotam, respectivamente, as condições nominais especificadas para a unidade geradora operar em valores padronizados específicos de cada sistema, como 60 Hz, no caso do Brasil.

Note também que, nesta formulação, a variável angular de uma barra de referência é adotada como valor especificado a fim de fechar o balanço entre carga e geração, sendo uma vantagem desta abordagem a consideração de que qualquer barra pode assumir o papel de referência angular para o sistema a ter sua frequência controlada.

1.10 MÉTODO DESACOPLADO

O método de Newton-Raphson aplicado ao fluxo de potência resulta no seguinte sistema matricial, expresso novamente aqui por motivo didático:

$$\begin{bmatrix} \Delta \mathbf{P} \\ \Delta \mathbf{Q} \end{bmatrix} = \begin{bmatrix} \mathbf{J}_{\mathbf{P}\theta} & \mathbf{J}_{\mathbf{PV}} \\ \mathbf{J}_{\mathbf{Q}\theta} & \mathbf{J}_{\mathbf{QV}} \end{bmatrix} \begin{bmatrix} \Delta \theta \\ \Delta \mathbf{V} \end{bmatrix}$$

Note que há uma relação muito forte entre a potência ativa e os ângulos de tensão, assim como há uma forte relação entre a potência reativa e as magnitudes de tensão em cada barra. Esta forte relação pode ser comprovada, uma vez que as submatrizes $\mathbf{J}_{\mathbf{P}\theta}$ e $\mathbf{J}_{\mathbf{QV}}$ possuem valores bem mais expressivos do que $\mathbf{J}_{\mathbf{PV}}$ e $\mathbf{J}_{\mathbf{Q}\theta}$.

Estas sensibilidades só podem ser averiguadas para sistemas que operam de maneira estável e segura com tensões próximas a 1 pu. Esta ressalva é importante, pois, à medida que a carga do sistema aumenta desde uma condição operativa estável, existe a tendência de verificar o decaimento das magnitudes de tensão como consequência, e, para casos em que o fluxo de potência converge com tensões abaixo de 0,95 pu, tais simplificações mostradas nesta seção não são válidas.

Desprezando as sensibilidades fracas representadas pelas derivadas parciais $\mathbf{J}_{\mathbf{PV}}$ e $\mathbf{J}_{\mathbf{Q}\theta}$, tem-se a seguinte simplificação:

$$\begin{bmatrix} \Delta \mathbf{P} \\ \Delta \mathbf{Q} \end{bmatrix} = \begin{bmatrix} \mathbf{J}_{\mathbf{P}\theta} & 0 \\ 0 & \mathbf{J}_{\mathbf{QV}} \end{bmatrix} \begin{bmatrix} \Delta \theta \\ \Delta \mathbf{V} \end{bmatrix}$$

Com isso, são determinados dois subsistemas de equações algébricas:

$$\Delta \mathbf{P} = \mathbf{J}_{\mathbf{P}\theta} . \Delta \theta$$

$$\Delta \mathbf{Q} = \mathbf{J}_{\mathbf{QV}} . \Delta \mathbf{V}$$

Os subsistemas podem ser resolvidos de maneira alternada (um após o outro) de forma iterativa. Tal procedimento consome menor esforço computacional e era utilizado muitos anos atrás, quando os computadores não tinham tanta velocidade nem capacidade de armazenamento. Com o advento de processadores inteligentes e computadores com alta capacidade de realização de cálculos numéricos, porém, esse procedimento caiu em desuso.

De forma alternativa, pode-se desenvolver o método desacoplado rápido, o qual faz pressuposições acerca da rede, como a abertura angular entre duas barras ser demasiadamente pequena em relação à variação de tensão na barra. Simplificações decorrentes deste modelo incluem considerar os senos e cossenos iguais a 0 e 1 nas equações que regem o fluxo de potência. Com o intuito de poupar tempo computacional, esta técnica fornece resultados aproximados de tensões em cada barra, servindo apenas para sistema com carga leve e operando em condição segura e estável.

Com as simplificações propostas, tem-se que os elementos da diagonal de $\mathbf{J}_{P\theta}$ e $\mathbf{J}_{QV}$ serão iguais a $-\boldsymbol{B}_{km}$; e os da diagonal serão $-\boldsymbol{B}_{kk}$.

Generalizando em forma matricial e considerando as tensões próximas de 1 pu:

$$\frac{\Delta \mathbf{P}}{\mathbf{V}} = \mathbf{B}'\Delta\theta$$

$$\frac{\Delta \mathbf{Q}}{\mathbf{V}} = \mathbf{B}''\Delta \mathbf{V}$$

em que $\mathbf{B}'$ é a matriz de susceptância na qual não constam a linha e a coluna referentes à barra de referência e $\mathbf{B}''$ a matriz de susceptância na qual não constam as linhas e colunas das barras de referência e de tensão controlada.

1.11 INCLUSÃO DE CARGAS VARIÁVEIS COM A TENSÃO

É comum a representação de cargas mediante modelos considerando a potência como valor constante, não variável com a tensão na barra. Entretanto, as cargas variam com a tensão na barra, sendo possível determiná-las por intermédio do modelo ZIP, em que parcelas da potência são representadas como impedância (Z), corrente (I) e/ou potência (P) constantes. Correspondentemente, essas parcelas variam quadrática, linear e constantemente em relação ao valor de tensão na barra *k:*

$$P_k^{esp} = \left(\alpha + \beta V_k + \gamma V_k^2\right) P_k^{nom}$$

$$Q_k^{esp} = \left(\alpha + \beta V_k + \gamma V_k^2\right) Q_k^{nom}$$

Os valores percentuais α, β, γ são relativos às parcelas de potência, corrente e impedância constantes e, somados, devem ser iguais ao valor unitário, representando 100% da carga.

$$\alpha + \beta + \gamma = 100\%$$

Como os valores das tensões são atualizados iterativamente no cálculo do fluxo de potência, as derivadas parciais relativas às cargas modeladas como ZIP das barras correspondentes devem ser calculadas de maneira diferenciada, sendo as parcelas $\mathbf{J_{PV}}$ e $\mathbf{J_{QV}}$ calculadas por:

$$\frac{dP_k}{dV_k} = -\left(\beta + 2\gamma V_k\right) P_k^{nom} + V_k^{-1}\left(P_k\left(\mathbf{V},\theta\right) + V_k^2 G_{kk}\right)$$

$$\frac{dQ_k}{dV_k} = -\left(\beta + 2\gamma V_k\right) Q_k^{nom} + V_k^{-1}\left(Q_k\left(\mathbf{V},\theta\right) - V_k^2 B_{kk}\right)$$

1.12 FLUXO DE POTÊNCIA EM COORDENADAS RETANGULARES

É comum que, nos primeiros estudos acerca do tema, o estudante de Engenharia Elétrica aprenda sobre a formulação do fluxo de potência em coordenadas polares, tendo como objetivo o cálculo de magnitudes e ângulos de tensão.

Entretanto, várias formulações alternativas mostram vantagens a depender do caso de estudo. Uma diferente abordagem, neste contexto, é o uso de coordenadas retangulares para o cálculo das tensões fasoriais em cada barra. Neste sentido, a partir de especificações de potências ativa e reativa, deseja-se calcular as partes real e imaginária dos fasores de tensões nodais.

Esta formulação é indicada para a análise de redes que apresentem mau condicionamento e precisem trabalhar com equações em que a potência varia quadraticamente com a tensão.

A formulação básica consiste em resolver o sistema matricial em que o vetor de variáveis da solução é formado pelos valores das tensões em partes real e imaginária ($\Delta\mathbf{V_r}$ e $\Delta\mathbf{V_m}$, respectivamente).

$$\begin{bmatrix} \Delta\mathbf{P} \\ \Delta\mathbf{Q} \end{bmatrix} = \begin{bmatrix} \mathbf{H} & \mathbf{N} \\ \mathbf{M} & \mathbf{L} \end{bmatrix} \begin{bmatrix} \Delta\mathbf{V_r} \\ \Delta\mathbf{V_m} \end{bmatrix}$$

As derivadas parciais relativas às submatrizes que relacionam as variáveis especificadas e calculadas são:

$$H_{km} = \frac{dP_k}{dV_{r_m}} = V_{r_k} G_{km} + V_{m_k} B_{km}$$

$$H_{kk} = \frac{dP_k}{dV_{r_k}} = 2V_{r_k} G_{km} + \sum_{m \in K} \left(V_{r_m} G_{km} - V_{m_m} B_{km} \right)$$

$$N_{km} = \frac{dP_k}{dV_{m_m}} = -V_{r_k} G_{km} + V_{m_k} B_{km}$$

$$N_{kk} = \frac{dP_k}{dV_{m_k}} = 2V_{m_k} G_{km} + \sum_{m \in K} \left(V_{m_m} G_{km} + V_{r_m} B_{km} \right)$$

$$M_{km} = \frac{dQ_k}{dV_{r_m}} = -V_{r_k} B_{km} + V_{m_k} G_{km}$$

$$M_{kk} = \frac{dQ_k}{dV_{r_k}} = -2V_{r_k} B_{km} - \sum_{m \in K} \left(V_{m_m} G_{km} + V_{r_m} B_{km} \right)$$

$$L_{km} = \frac{dQ_k}{dV_{m_m}} = -V_{r_k} G_{km} - V_{m_k} B_{km}$$

$$L_{kk} = \frac{dQ_k}{dV_{m_m}} = -2V_{m_k} B_{km} + \sum_{m \in K} \left(V_{r_m} G_{km} - V_{m_m} B_{km} \right)$$

Os resíduos de potência são calculados por:

$$\Delta P_k = P_k^{esp} - \sum_{m \in K} V_{r_k} \left(V_{r_m} G_{km} - V_{m_m} B_{km} \right) + V_{m_k} \left(V_{m_m} G_{km} + V_{r_m} B_{km} \right)$$

$$\Delta Q_k = Q_k^{esp} - \sum_{m \in K} V_{m_k}\left(V_{r_m} G_{km} - V_{m_m} B_{km}\right) - V_{r_k}\left(V_{m_m} G_{km} + V_{r_m} B_{km}\right)$$

Com isso, pode-se calcular os incrementos de tensão, estipulando-se inicialmente que a parte real da tensão em todas as barras é 1 e sua parte imaginária é zero:

$$\begin{bmatrix} \Delta \mathbf{V_r} \\ \Delta \mathbf{V_m} \end{bmatrix} = \begin{bmatrix} \mathbf{H} & \mathbf{N} \\ \mathbf{M} & \mathbf{L} \end{bmatrix}^{-1} \begin{bmatrix} \Delta \mathbf{P} \\ \Delta \mathbf{Q} \end{bmatrix}$$

A atualização a cada iteração é dada conforme o cálculo a seguir:

$$\begin{bmatrix} \mathbf{V_r} \\ \mathbf{V_m} \end{bmatrix}^{it+1} = \begin{bmatrix} \mathbf{V_r} \\ \mathbf{V_m} \end{bmatrix}^{it} + \begin{bmatrix} \Delta \mathbf{V_r} \\ \Delta \mathbf{V_m} \end{bmatrix}^{it}$$

1.13 FLUXO DE POTÊNCIA DE SEGUNDA ORDEM

Aproveitando a propriedade do fluxo de potência em coordenadas retangulares em que as potências e tensões possuem relação quadrática, apresenta-se o fluxo de potência de segunda ordem.

O mesmo é indicado para solucionar casos de estudo de fluxo de potência que possuem problemas de convergência. Esses problemas podem estar relacionados a redes mal condicionadas com pontos de operação factível; redes que se tornam mal condicionadas devido ao aumento expressivo de carga; e redes que não possuem um ponto de operação factível ou admitam soluções múltiplas.

Neste caso, expande-se as equações do fluxo de potência em série de Taylor e considera-se a expansão até o termo de segunda ordem. Um fator de correção é adicionado ao problema a fim de determinar com exatidão a direção e a magnitude da correção do vetor de estado (vetor solução). Tal procedimento visa minimizar uma função quadrática baseada nos resíduos de potência, cujo valor será nulo caso haja solução a partir de uma condição inicial. Ao contrário, um valor positivo será encontrado caso a solução não exista, neste caso.

Define-se primeiramente o vetor contendo os valores de potências calculadas em função das variáveis do vetor solução $\left(\mathbf{V_r}, \mathbf{V_m}\right)$.

$$\mathbf{S} = \begin{bmatrix} \mathbf{P}\left(\mathbf{V_r}, \mathbf{V_m}\right) \\ \mathbf{Q}\left(\mathbf{V_r}, \mathbf{V_m}\right) \end{bmatrix}$$

As expansões em série de Taylor levam à formulação seguinte, em que **Jac** é a matriz jacobiana e o último termo da expansão representa as equações de potência calculadas para a variação do estado do sistema. O fator de correção μ deve ser determinado a cada iteração.

$$\begin{bmatrix} \mathbf{P}^{esp} \\ \mathbf{Q}^{esp} \end{bmatrix} - \begin{bmatrix} \mathbf{P}(\mathbf{V}_r, \mathbf{V}_m) \\ \mathbf{Q}(\mathbf{V}_r, \mathbf{V}_m) \end{bmatrix} - \mu \mathbf{Jac}. \begin{bmatrix} \Delta\mathbf{V}_r \\ \Delta\mathbf{V}_m \end{bmatrix} - \mu^2 \begin{bmatrix} \mathbf{P}(\Delta\mathbf{V}_r, \Delta\mathbf{V}_m) \\ \mathbf{Q}(\Delta\mathbf{V}_r, \Delta\mathbf{V}_m) \end{bmatrix} = 0$$

A equação pode ser reescrita de maneira compacta como:

$$\mathbf{S}^{esp} - \mathbf{S}(\mathbf{x}) - \mu.\mathbf{J}.\Delta\mathbf{x} - \mu^2\mathbf{S}(\Delta\mathbf{x}) = 0$$

$$\mathbf{a} + \mu\mathbf{b} + \mu^2\mathbf{c} = 0$$

em que:

$$\mathbf{a} = \mathbf{S}^{esp} - \mathbf{S}(\mathbf{x})$$

$$\mathbf{b} = -\mathbf{J}.\Delta\mathbf{x} = -\mathbf{a}$$

$$\mathbf{c} = -\mathbf{S}(\Delta\mathbf{x})$$

A função objetivo a ser minimizada é quadrática em termos de resíduos de potências calculadas no ponto de operação. Desta forma, a função objetivo a ser minimizada é a seguinte, sendo N o número total de barras do sistema:

$$F = \frac{1}{2}\sum_{i=1}^{2N}\left(a_i + \mu b_i + \mu^2 c_i\right)^2$$

A solução é obtida derivando-se a função em relação ao parâmetro μ e igualando o resultado a zero, resultando no seguinte polinômio:

$$g_0 + g_1\mu + g_2\mu^2 + g_3\mu^3 = 0$$

em que:

$$g_0 = \sum_{i=1}^{2N} a_i b_i$$

$$g_1 = \sum_{i=1}^{2N} b_i^2 + 2a_i c_i$$

$$g_2 = 3\sum_{i=1}^{2N} b_i c_i$$

$$g_3 = 2\sum_{i=1}^{2N} c_i^2$$

Para redes sem problemas de condicionamento, μ apresenta valores em torno de 1. Ao contrário, μ tende a assumir valor baixos, indicando que a solução pode ser melhorada.

A aplicação do método consiste nas seguintes etapas:

Calcula-se o vetor de resíduos em uma dada iteração:

$$\mathbf{S}^{\mathbf{esp}} - \mathbf{S}\left(\mathbf{x}^{\mathbf{it}}\right) = \mathbf{J}^{\mathbf{it}}.\Delta\mathbf{x}^{\mathbf{it}}$$

Calcula-se os vetores a seguir:

$$\mathbf{a}^{\mathbf{it}} = \mathbf{S}^{\mathbf{esp}} - \mathbf{S}\left(\mathbf{x}^{\mathbf{it}}\right)$$

$$\mathbf{b}^{\mathbf{it}} = -\mathbf{a}^{\mathbf{it}}$$

$$\mathbf{c}^{\mathbf{it}} = -\mathbf{S}\left(\Delta\mathbf{x}^{\mathbf{it}}\right) = -\begin{bmatrix} \mathbf{P}\left(\Delta\mathbf{V}_{\mathbf{r}}^{it}, \Delta\mathbf{V}_{\mathbf{m}}^{it}\right) \\ \mathbf{Q}\left(\Delta\mathbf{V}_{\mathbf{r}}^{it}, \Delta\mathbf{V}_{\mathbf{m}}^{it}\right) \end{bmatrix}$$

Determina-se os escalares g_1, g_2, g_3, g_0 para aquela iteração.

Calcula-se o multiplicador μ.

Para determinar a solução da próxima iteração, faz-se:

$$\begin{bmatrix} \mathbf{V_r} \\ \mathbf{V_m} \end{bmatrix}^{it+1} = \begin{bmatrix} \mathbf{V_r} \\ \mathbf{V_m} \end{bmatrix}^{it} + \mu \begin{bmatrix} \Delta\mathbf{V_r} \\ \Delta\mathbf{V_m} \end{bmatrix}^{it}$$

Caso a solução esteja abaixo de uma tolerância definida, o processo é interrompido. Caso contrário, segue-se para uma próxima iteração.

1.14 ASPECTOS COMPUTACIONAIS

Nesta seção, será mostrado o código para cálculo de fluxo de potência, o qual é compatível com MATLAB e OCTAVE. O código apresentado, que se baseia em estrutura matricial para o cálculo de fluxo de potência, foi desenvolvido pelo autor e permite encontrar a resposta do fluxo de potência por meio de implementação do método de Newton-Raphson completo.

O código segue com informações e comentários seguidos do caractere %, a fim de permitir compreensão integral da implementação computacional e chamar atenção para pontos importantes e crucias para o sucesso da implementação.

Note que o sistema de quatro barras, utilizado de maneira ilustrativa nesta seção, será priorizado. Entretanto, com o código em mãos, o leitor pode implementar outros sistemas maiores a partir desta implementação inicial.

Este código foi salvo com o nome de fluxo.m e pode ser executado em MATLAB ou OCTAVE de maneira livre. Ele foi implementado com base em Praviraj (2022). A fonte das letras e números é compatível com o código implementado no MATLAB.

```
%% FLUXO DE POTÊNCIA USANDO O MÉTODO DE INJEÇÃO DE POTÊNCIAS
TRADICIONAL

clc       % limpa a tela do workspace
close all % fecha qualquer figura previamente apresentada
clear all % limpa todas as variáveis do problema

%         Barra  Tipo  V     Theta    Pg     Qg     Pl     Ql
DBAR = [    1     1    1.0     0      0      0      0      0
            2     3    1.0     0      0      0     20     10
            3     3    1.0     0      0      0     40     10
            4     2    0.98    0     90      0     40     20
            ];
```

```
%          | De |  Para    |   R(pu)    |    X(pu)  |  B/2 (pu)  |
a  |
DLIN = [    1      2         0.20        0.10       0.00        1
            2      3         0.20        0.10       0.00        1
            2      4         0.10        0.05       0.00        1
            ];

%% Etapa 1) Leitura dos dados de ramos:

DE = DLIN(:,1);        % barra DE
PARA = DLIN(:,2);        % barra PARA

r = DLIN(:,3);         % resistência
x = DLIN(:,4);         % reatância
b = DLIN(:,5);         % admitância shunt
a = DLIN(:,6);         % valor de tap
z = r + i*x;           % Impedâncias dos trechos
y = 1./z;              % Admitâncias dos trechos
b = i*b;               % Compatibilizando b imaginário

NB = max(max(DLIN(:,1)),max(DLIN(:,2)));    % número de barras
NL = length(DLIN(:,1));                   % número de ramos


%% Etapa 2) Formação da matriz de admitância nodal

Y = zeros(NB,NB);

 % Elementos fora da diagonal
 for k = 1:NL
     Y(DE(k),PARA(k)) = Y(DE(k),PARA(k)) - y(k)/a(k);
     Y(PARA(k),DE(k)) = Y(DE(k),PARA(k));
 end

 % Elementos da diagonal
 for m = 1:NB
     for n = 1:NL
         if DE(n) == m
             Y(m,m) = Y(m,m) + y(n)/(a(n)^2) + b(n);
         elseif PARA(n) == m
             Y(m,m) = Y(m,m) + y(n) + b(n);
         end
     end
 end
```

```
G = real(Y);                    % Matriz de Condutâncias
B = imag(Y);                    % Matriz de Susceptâncias

%% Leitura de dados de barra:

SBASE = 1e3;                    % Potência base
BARRA = DBAR(:,1);              % Número da barra
TIPO = DBAR(:,2);               % Tipo da barra: 1-Referência,
2-PV, 3-PQ.
V = DBAR(:,3);                  % Tensões especificadas
ANGULOS = DBAR(:,4);            % ângulos de fase
Pg = DBAR(:,5)/SBASE;           % Potência Ativa gerada
Qg = DBAR(:,6)/SBASE;           % Potência Reativa gerada
Pl = DBAR(:,7)/SBASE;           % Potência ativa demandada
Ql = DBAR(:,8)/SBASE;           % Potência reativa demandada
NBARRA = max(BARRA);            % Número total de barras
P = Pg - Pl;                    % Potência liquida ativa
Q = Qg - Ql;                    % Potência liquida reativa
Psp = P;                        % Potência ativa especificada
Qsp = Q;                        % Potência reativa especificada

pv = find(TIPO == 2 | TIPO == 1);        % Índice de barras PV
npv = length(pv);                         % Número de barras PV
pq = find(TIPO == 3);                    % Índice de barras PQ
npq = length(pq);                         % Número de barras PQ

%% Etapa 3) Processo iterativo de Newton-Raphson
Tol = 10;               % variável de tolerância
Iter = 0;               % variável contadora de iterações

while (Tol > 1e-6)   % início do processo iterativo
    P = zeros(NBARRA,1);
    Q = zeros(NBARRA,1);
    % Calcular P e Q funcionais
    for i = 1:NBARRA
        for k = 1:NBARRA
            P(i) = P(i) + V(i)* V(k)*(G(i,k)*cos(ANGULOS(i)-
ANGULOS(k)) + B(i,k)*sin(ANGULOS(i)-ANGULOS(k)));
            Q(i) = Q(i) + V(i)* V(k)*(G(i,k)*sin(ANGULOS(i)-
ANGULOS(k)) - B(i,k)*cos(ANGULOS(i)-ANGULOS(k)));
        end
    end


    % Calcular resíduos de potências
    dPa = Psp-P;
    dQa = Qsp-Q;
```

```
    k = 1;
    dQ = zeros(npq,1);
    for i = 1:NBARRA
        if TIPO(i) == 3
            dQ(k,1) = dQa(i);
            k = k+1;
        end
    end
    dP = dPa(2:NBARRA);
    residuos = [dP; dQ];            % Vetor de resíduos

    % Jacobiana: J1 - Derivadas parciais de P em relação a
angulos
    J1 = zeros(NBARRA-1,NBARRA-1);
    for i = 1:(NBARRA-1)
        m = i+1;
        for k = 1:(NBARRA-1)
            n = k+1;
            if n == m
                for n = 1:NBARRA
                    J1(i,k) = J1(i,k) + V(m)* V(n)*(-
G(m,n)*sin(ANGULOS(m)-ANGULOS(n)) + B(m,n)*cos(ANGULOS(m)-
ANGULOS(n)));
                end
                J1(i,k) = J1(i,k) - V(m)^2*B(m,m);
            else
                J1(i,k) = V(m)* V(n)*(G(m,n)*sin(ANGULOS(m)-
ANGULOS(n)) - B(m,n)*cos(ANGULOS(m)-ANGULOS(n)));
            end
        end
    end

    % J2 - Derivadas parciais de P em relação a V
    J2 = zeros(NBARRA-1,npq);
    for i = 1:(NBARRA-1)
        m = i+1;
        for k = 1:npq
            n = pq(k);
            if n == m
                for n = 1:NBARRA
                    J2(i,k) = J2(i,k) +
V(n)*(G(m,n)*cos(ANGULOS(m)-ANGULOS(n)) +
B(m,n)*sin(ANGULOS(m)-ANGULOS(n)));
                end
                J2(i,k) = J2(i,k) + V(m)*G(m,m);
            else
                J2(i,k) = V(m)*(G(m,n)*cos(ANGULOS(m)-
ANGULOS(n)) + B(m,n)*sin(ANGULOS(m)-ANGULOS(n)));
```

```
            end
        end
    end

    % J3 - Derivadas parciais de Q em relação a ângulos
    J3 = zeros(npq,NBARRA-1);
    for i = 1:npq
        m = pq(i);
        for k = 1:(NBARRA-1)
            n = k+1;
            if n == m
                for n = 1:NBARRA
                    J3(i,k) = J3(i,k) + V(m)*
V(n)*(G(m,n)*cos(ANGULOS(m)-ANGULOS(n)) +
B(m,n)*sin(ANGULOS(m)-ANGULOS(n)));
                end
                J3(i,k) = J3(i,k) - V(m)^2*G(m,m);
            else
                J3(i,k) = V(m)* V(n)*(-G(m,n)*cos(ANGULOS(m)-
ANGULOS(n)) - B(m,n)*sin(ANGULOS(m)-ANGULOS(n)));
            end
        end
    end

    % J4 - Derivadas parciais de Q em relação a V
    J4 = zeros(npq,npq);
    for i = 1:npq
        m = pq(i);
        for k = 1:npq
            n = pq(k);
            if n == m
                for n = 1:NBARRA
                    J4(i,k) = J4(i,k) +
V(n)*(G(m,n)*sin(ANGULOS(m)-ANGULOS(n)) -
B(m,n)*cos(ANGULOS(m)-ANGULOS(n)));
                end
                J4(i,k) = J4(i,k) - V(m)*B(m,m);
            else
                J4(i,k) = V(m)*(G(m,n)*sin(ANGULOS(m)-
ANGULOS(n)) - B(m,n)*cos(ANGULOS(m)-ANGULOS(n)));
            end
        end
    end

    J = [J1 J2; J3 J4];                  % Matriz Jacobiana

    X = inv(J)*residuos;                 % Definição DE X com resíduos
de V e angulos
```

```
    dTh = X(1:NBARRA-1);              % Resíduos de ângulos
    dV = X(NBARRA:end);               % Resíduos de tensões V

    % Atualização do vetor solução:
    ANGULOS(2:NBARRA) = dTh + ANGULOS(2:NBARRA);
    k = 1;
    for i = 2:NBARRA
        if TIPO(i) == 3
            V(i) = dV(k) + V(i);
            k = k+1;
        end
    end
    Iter = Iter + 1;                    % próxima iteração
    Tol = max(abs(residuos));           % cálculo de tolerância
end


% Final do processo iterativo

Vm = V.*(cos(ANGULOS)+j*sin(ANGULOS));          % Valores de
tensão complexos
ANGULOS = (180/pi)*ANGULOS;                     % Ângulos em
graus
[V ANGULOS]                                     % RESPOSTA
```

1.15 EXERCÍCIOS PROPOSTOS

1. **Quais são as principais ferramentas utilizadas em um centro de controle para análise de sistemas de potência? Cite e explique cada uma delas.**
2. **Qual é a função da estimação de estados em um centro de controle?**
3. **Qual é o objetivo principal do fluxo de potência?**
4. **Quais são os tipos de barra mais utilizados para a modelagem do fluxo de potência?**
5. **Por que podem ser utilizados monofásicos equivalentes na análise de redes de transmissão?**
6. **Quais são as diferenças entre a topologia das redes de transmissão e de distribuição?**
7. **Para uma linha com resistência longitudinal de 0,02 pu e reatância de 0,05 pu, calcule os valores de condutância e susceptância.**
8. **Reproduza o código apresentado neste capítulo para o sistema tutorial de quatro barras e compare com os resultados obtidos ao longo do texto, expressos nas Tabelas 1.5 e 1.6.**

9. **Aumente a carga de todas as barras de carga do sistema, multiplicando os seus valores de potência ativa e reativa por dois. Verifique o decaimento das magnitudes das tensões e informe quais são.**

10. **Implemente uma estratégia de controle em que a barra 4 controla a tensão da barra 3 no valor de 0,99 pu. Verifique o impacto na resposta obtida para as magnitudes de tensão.**

11. **Compare os valores da submatriz J1 e J4 com os valores de J2 e J4. Perceba a diferença dos valores e justifique as simplificações trazidas no método desacoplado.**

12. **A partir do QR code a seguir, compare os resultados da metodologia vista neste capítulo com os obtidos utilizando o Pandapower.**

13. **Implemente o código computacional utilizando os dados do sistema de 14 barras do IEEE trazido a seguir.**

```
DBAR = [   1    1    1.060   0    0    0     0     0
           2    2    1.045   0    40   42.4  21.7  12.7
           3    2    1.010   0    0    23.4  94.2  19.0
           4    3    1.0     0    0    0     47.8  -3.9
           5    3    1.0     0    0    0     7.6   1.6
           6    2    1.070   0    0    12.2  11.2  7.5
           7    3    1.0     0    0    0     0.0   0.0
           8    2    1.090   0    0    17.4  0.0   0.0
           9    3    1.0     0    0    0     29.5  16.6
           10   3    1.0     0    0    0     9.0   5.8
           11   3    1.0     0    0    0     3.5   1.8
           12   3    1.0     0    0    0     6.1   1.6
           13   3    1.0     0    0    0     13.5  5.8
           14   3    1.0     0    0    0     14.9  5.0
           ];

DLIN =    [1    2    0.01938   0.05917   0.0264   1
           1    5    0.05403   0.22304   0.0246   1
           2    3    0.04699   0.19797   0.0219   1
           2    4    0.05811   0.17632   0.0170   1
           2    5    0.05695   0.17388   0.0173   1
```

```
          3      4       0.06701   0.17103    0.0064      1
          4      5       0.01335   0.04211    0.0         1
          4      7       0.0       0.20912    0.0     0.978
          4      9       0.0       0.55618    0.0     0.969
          5      6       0.0       0.25202    0.0     0.932
          6     11       0.09498   0.19890    0.0         1
          6     12       0.12291   0.25581    0.0         1
          6     13       0.06615   0.13027    0.0         1
          7      8       0.0       0.17615    0.0         1
          7      9       0.0       0.11001    0.0         1
          9     10       0.03181   0.08450    0.0         1
          9     14       0.12711   0.27038    0.0         1
         10     11       0.08205   0.19207    0.0         1
         12     13       0.22092   0.19988    0.0         1
         13     14       0.17093   0.34802    0.0         1
];
```

CAPÍTULO 2
Método da injeção de correntes

2.1 CONSIDERAÇÕES INICIAIS

O uso de coordenadas polares é muito comum e adotado para análise em sistemas de potência de alta tensão com topologia malhada. Entretanto, para redes de distribuição de média e baixa tensão, é comum adotar outras metodologias, como o método da varredura estabelecido por queda de tensão, que atendam às necessidades das características intrínsecas dos alimentadores, como topologia radial e relação X/R diferentes dos sistemas de transmissão, o que afeta a esparsidade e o condicionamento numérico das matrizes jacobianas do fluxo de potência tradicional (VARIZ; COSTA, 2002; LEITE; COSTA, 2003; GARCIA, 2000).

Se as cargas do sistema pudessem ser representadas ou calculadas como correntes especificadas em relação às tensões, seria possível desenvolver uma metodologia cuja matriz jacobiana fosse muito similar à matriz de admitância nodal do sistema, o que permitiria que seus valores não fossem atualizados com tanta frequência, facilitando o processo de convergência e aumentando a robustez do algoritmo (ARAUJO, 2010).

Pensando nessa necessidade, o denominado método de injeção de correntes (MIC) foi desenvolvido. Para isso, é necessário estabelecer como variáveis de estados as tensões nas barras do sistema em coordenadas retangulares separadas em partes real e imaginária, respectivamente denotadas por V_k^r e V_k^m.

A fim de calcular valores de correntes injetadas em cada barra do sistema a partir dos valores de potência líquida especificados, é possível utilizar a seguinte expressão:

$$\dot{I}_k = \frac{P_k - jQ_k}{\dot{V}_k^*}$$

Dividindo-se em partes real e imaginária, tem-se:

$$I_k^r = \frac{P_k V_k^r + Q_k V_k^m}{\left(V_k^r\right)^2 + \left(V_k^m\right)^2}$$

$$I_k^m = \frac{P_k V_k^m - Q_k V_k^r}{\left(V_k^r\right)^2 + \left(V_k^m\right)^2}$$

A forma de calcular as correntes injetadas em função das tensões em coordenadas retangulares se dá a partir da equação básica que estabelece os valores de tensão e corrente em todas as barras do sistema a partir das matrizes de condutância **G** e susceptâncias **B** nodais:

$$\begin{bmatrix} \mathbf{I^m} \\ \mathbf{I^r} \end{bmatrix} = \begin{bmatrix} \mathbf{B} & \mathbf{G} \\ \mathbf{G} & -\mathbf{B} \end{bmatrix} \begin{bmatrix} \mathbf{V^r} \\ \mathbf{V^m} \end{bmatrix}$$

De maneira linear, é possível estabelecer as seguintes relações para o cálculo de correntes em cada barra do sistema em função das tensões:

$$I_k^r\left(\mathbf{V^r}, \mathbf{V^m}\right) = \sum_{i \in K} G_{ki} V_i^r - B_{ki} V_i^m$$

$$I_k^m\left(\mathbf{V^r}, \mathbf{V^m}\right) = \sum_{i \in K} G_{ki} V_i^m + B_{ki} V_i^r$$

A corrente injetada calculada baseada nos valores especificados de potências, menos os respectivos valores de corrente calculados em função das tensões, definirá os resíduos de corrente, em coordenadas retangulares, os quais devem ser igualados a zero para que a solução do fluxo de potência seja determinada:

$$\Delta I_k^r = \frac{P_k V_k^r + Q_k V_k^m}{\left(V_k^r\right)^2 + \left(V_k^m\right)^2} - \sum_{i \in K} G_{ki} V_i^r - B_{ki} V_i^m = 0$$

$$\Delta I_k^m = \frac{P_k V_k^m - Q_k V_k^r}{\left(V_k^r\right)^2 + \left(V_k^m\right)^2} - \sum_{i \in K} G_{ki} V_i^m + B_{ki} V_i^r = 0$$

Os valores de potências são os valores especificados para cada barra considerando valores gerados e demandados:

$$P_k = P_k^{esp} = P_{g,k} - P_{d,k}$$

$$Q_k = Q_k^{esp} = Q_{g,k} - Q_{d,k}$$

2.2 FORMULAÇÃO MATRICIAL

A fim de determinar as tensões em coordenadas retangulares, calcula-se a jacobiana que relaciona as tensões e correntes, conforme estabelecido a seguir:

$$\begin{bmatrix} \Delta \mathbf{I}^{\mathbf{m}} \\ \Delta \mathbf{I}^{\mathbf{r}} \end{bmatrix} = \begin{bmatrix} \mathbf{H} & \mathbf{N} \\ \mathbf{M} & \mathbf{L} \end{bmatrix} \begin{bmatrix} \Delta \mathbf{V}^{\mathbf{r}} \\ \Delta \mathbf{V}^{\mathbf{m}} \end{bmatrix}$$

$$\left[\Delta \mathbf{I} \right] = [\mathbf{J}_{\mathbf{ac}}] \left[\Delta \mathbf{V} \right]$$

A vantagem desta formulação é que os elementos fora da diagonal da jacobiana são constantes, sendo que apenas os elementos das diagonais precisam ser atualizados a cada iteração, poupando esforço computacional e garantindo robustez ao algoritmo.

A solução é obtida por Newton-Raphson, considerando os valores iniciais de tensões iguais a 1 pu e seus ângulos como nulos. Isso equivale à parte real ser 1 e a imaginária, 0.

$$\begin{bmatrix} \Delta \mathbf{V}^{\mathbf{m}} \\ \Delta \mathbf{V}^{\mathbf{r}} \end{bmatrix}^{\mathrm{it}} = \begin{bmatrix} \mathbf{H} & \mathbf{N} \\ \mathbf{M} & \mathbf{L} \end{bmatrix}^{it} \begin{bmatrix} \Delta \mathbf{I}^{\mathbf{r}} \\ \Delta \mathbf{I}^{\mathbf{m}} \end{bmatrix}^{it}$$

Iterativamente, os valores de tensão são atualizados a fim de obter a resposta, até que uma tolerância seja atingida para convergência.

As atualizações se dão de acordo com as seguintes equações, para cada barra do sistema:

$$V_k^{r,it+1} = V_k^{r,it} + \Delta V_k^{r,it}$$

$$V_k^{m,it+1} = V_k^{m,it} + \Delta V_k^{m,it}$$

2.3 A FORMAÇÃO DA MATRIZ JACOBIANA

As derivadas parciais, responsáveis pela formação da matriz jacobiana, são expressas a seguir.

Primeiramente, note que os elementos fora da diagonal são os próprios valores de condutância e susceptâncias dos trechos:

$$H_{km} = B_{km}$$

$$M_{km} = G_{km}$$

$$N_{km} = G_{km}$$

$$L_{km} = -B_{km}$$

Por fim, para os elementos da diagonal, únicos que são atualizados a cada iteração, tem-se:

$$H_{kk} = B_{kk} - a_k$$

$$M_{kk} = G_{kk} - b_k$$

$$N_{kk} = G_{kk} - c_k$$

$$L_{kk} = -B_{kk} - d_k$$

Os elementos notáveis das equações são expressos a seguir:

$$a_k = d_k = \frac{Q_k\left(V_{r,k}^2 - V_{m,k}^2\right) - 2P_k V_{r,k} V_{m,k}}{V_k^4}$$

$$b_k = -c_k = \frac{P_k\left(V_{r,k}^2 - V_{m,k}^2\right) - 2Q_k V_{r,k} V_{m,k}}{V_k^4}$$

Os resíduos de corrente, alternativamente, podem ser obtidos pelas equações em função dos resíduos de potência em cada barra:

$$\Delta I_k^r = \frac{\Delta P_k V_k^r + \Delta Q_k V_k^m}{\left(V_k^r\right)^2 + \left(V_k^m\right)^2}$$

$$\Delta I_k^m = \frac{\Delta P_k V_k^m - \Delta Q_k V_k^r}{\left(V_k^r\right)^2 + \left(V_k^m\right)^2}$$

Os resíduos de potência são:

$$\Delta P_k = P_k^{esp} - P_k^{calc}$$

$$\Delta Q_k = P_k^{esp} - Q_k^{calc}$$

As potências calculadas em coordenadas retangulares são:

$$P_k^{calc} = V_k^r I_k^{r,calc} + V_k^m I_k^{m,calc}$$

$$Q_k^{calc} = V_k^m I_k^{r,calc} - V_k^r I_k^{m,calc}$$

2.4 REPRESENTAÇÃO DE BARRAS PV

Para a representação de barras PV com controle de tensão (GARCIA; PEREIRA; CARNEIRO, 2001c), tem-se as seguintes relações:

$$V_k^2 = V_{k,r}^2 + V_{m,k}^2$$

Linearizando a equação, tem-se o resíduo de tensão associado a uma barra.

$$\Delta V_k = \frac{V_{r,k}}{V_k} \Delta V_{r,k} + \frac{V_{m,k}}{V_k} \Delta V_{m,k}$$

O resíduo de tensão pode ser calculado também por meio da definição, como a diferença entre o valor especificado e o valor calculado:

$$\Delta V_k = V_k^{esp} - V_k^{calc}$$

$$V_k^{calc} = \sqrt{V_{k,r}^2 + V_{m,k}^2}$$

A fim de incorporar as equações de controle matricialmente no método de injeção de correntes, adicionam-se novas submatrizes A_1 e A_2 que expressam as relações entre potência reativa gerada na barra com unidade geradora despachável e a sua tensão nodal. Essas matrizes são compostas de elementos nulos, exceto nas posições referentes à barra k com geração distribuída.

$$\begin{bmatrix} \Delta I_m \\ \Delta I_r \\ \Delta V_k \end{bmatrix} = \begin{bmatrix} J_{ac} & A_1 \\ A_2 & 0 \end{bmatrix} \begin{bmatrix} \Delta V_r \\ \Delta V_m \\ \Delta Q_k \end{bmatrix}$$

As equações a seguir mostram as derivadas da magnitude de tensão da barra com geração em relação às partes reais e imaginárias nas barras.

$$\frac{dV_k}{dV_{rk}} = \frac{V_{rk}}{V_k}$$

$$\frac{dV_k}{dV_{mk}} = \frac{V_{mk}}{V_k}$$

As equações mostram, respectivamente, as derivadas das partes real e imaginária em relação às potências reativas injetadas na barra PV:

$$\frac{dI_{rk}}{dQ_k} = -\frac{V_{mk}}{V_k^2}$$

$$\frac{dI_{mk}}{dQ_k} = \frac{V_{rk}}{V_k^2}$$

A resolução do sistema resulta em uma obtenção da resposta de maneira iterativa, conforme representado a seguir:

$$V_k^{r,it+1} = V_k^{r,it} + \Delta V_k^{r,it}$$

$$V_k^{m,it+1} = V_k^{m,it} + \Delta V_k^{m,it}$$

$$Q_k^{it+1} = Q_k^{it} + \Delta Q_k^{it}$$

2.5 ASPECTOS COMPUTACIONAIS

Para implementar o código do método de injeção de correntes, foi utilizado como base o sistema tutorial de quatro barras do Capítulo 1 deste livro, para comparação com os resultados. Note que as variáveis do código são alternadas com o objetivo de ampliar a versatilidade do programador. Para permitir conhecimento completo sobre cada etapa de implementação do código, são feitos comentários a fim de facilitar o aprendizado.

```
%% FLUXO DE POTÊNCIA USANDO O MÉTODO DE INJEÇÃO DE CORRENTES

clc
close all
clear all

%% Entrada de dados do sistema:

% Barra    Tipo    Pg(MW) Qg(Mvar) Pd(Mw) Qd(Mvar) Bsh(Mvar)
V(pu)  Teta(°)
DBAR=[  1    0     0      0       0      0      0   1.000    0 ;
        2    2     0      0       20     10     0   1.000    0 ;
        3    2     0      0       40     10     0   1.000    0 ;
        4    1     90     0       40     20     0   0.980    0 ;
    ];

%  DE     PARA     R(pu)  X(pu)     Ysht(Mvar) Tap    Fase
Posição
DLIN=[   1       2       0.20    0.10      0       0        0   0;
         2       3       0.20    0.10      0       0        0   0;
         2       4       0.10    0.05      0       0        0   0;
    ];
```

```
%% Leitura de dados

Sbase=1e3;                         % potência base
Barra=DBAR(:,1);                   % barra
Tipo=DBAR(:,2);                    % Tipo
Pg=DBAR(:,3)/Sbase;                % Potência ativa gerada
Qg=DBAR(:,4)/Sbase;                % Potência reativa gerada
Pd=DBAR(:,5)/Sbase;                % Potência ativa demandada
Qd=DBAR(:,6)/Sbase;                % Potência reativa demandada
Bsh=DBAR(:,7)/Sbase;               % Susceptâncias shunt
V=DBAR(:,8);                       % tensões iniciais
teta=DBAR(:,9).*pi/180;            % ângulos em graus
nbus=max(size(Barra));             % número de barras
Bref=1;                            % Definição da barra de
referência
Vc=V.*(cos(teta)+j*sin(teta)); % Tensão do caso base Vc

% Barras do tipo PV serão armazenadas no vetor Barra_PV:

Tipo(Bref)=0;
npv=0;
for k=1:nbus
    if Tipo(k)~=2
        if  Barra(k)~=Bref
            npv=npv+1;
            Barra_PV(npv,1)=Barra(k);
        end
    end
end

%% Leitura dos dados de linha

DE=DLIN(:,1);
PARA=DLIN(:,2);
r=DLIN(:,3);
x=DLIN(:,4);
Ysht=(DLIN(:,5))/2;
a=DLIN(:,6);
fi=DLIN(:,7);
N_CIRC=max(size(DE));
z=r+j*x;
p=DLIN(:,8);  % posição do tap

% Tipos de linha
T_lin=zeros(N_CIRC,1);
for b=1:N_CIRC
    if (a(b)==0) & (fi(b)==0)
        T_lin(b)=1;   %LINHA DE TRANSMISSÃO
```

```
    end
    if a(b)~=0 & fi(b)==0
        T_lin(b)=2;    %TRANSFORMADORES EM FASE
    end
    if fi(b)~=0
        T_lin(b)=3;    %TRANSFORMADORES DEFASADORES
    end
end

%MONTAGEM DA MATRIZ Ybarra:

Ybarra=zeros(nbus,nbus);

for k=1:N_CIRC
    m=DE(k);          n=PARA(k);
    ykm=1/z(k);

    if T_lin(k)==1  %LINHA DE TRANSMISSÃO
        Ybarra(m,m)=Ybarra(m,m)+ykm+j*Ysht(k);
        Ybarra(n,n)=Ybarra(n,n)+ykm+j*Ysht(k);
        Ybarra(m,n)=Ybarra(m,n)-ykm;
        Ybarra(n,m)=Ybarra(n,m)-ykm;
    end

    if T_lin(k)==2  %TRANSFORMADORES EM FASE
        if p(k)==1
            tap=a(k);
        end
        if p(k)==-1
            tap=1/a(k);
        end
        Ybarra(m,m)=Ybarra(m,m)+(tap^2)*ykm;
        Ybarra(n,n)=Ybarra(n,n)+ykm;
        Ybarra(m,n)=Ybarra(m,n)-tap*ykm;
        Ybarra(n,m)=Ybarra(n,m)-tap*ykm;
    end

    if T_lin(k)==3 %TRANSFORMADORES DEFASADORES
        Ybarra(m,m)=Ybarra(m,m)+ykm;
        Ybarra(n,n)=Ybarra(n,n)+ykm;
        Ybarra(m,n)=Ybarra(m,n)-(exp(-j*fi(k)))*ykm;
        Ybarra(n,m)=Ybarra(n,m)-(exp(j*fi(k)))*ykm;
    end

end

%INCLUSÃO DA SUSCEPTÂNCIA SHUNT:
for c=1:nbus
```

```
    Ybarra(c,c)=Ybarra(c,c)+j*Bsh(c);
end

G=real(Ybarra);
B=imag(Ybarra);


%% Inicialização das variáveis:
I=zeros(nbus,1);     dP=zeros(nbus,1);
S=zeros(nbus,1);     dQ=zeros(nbus,1);
P=zeros(nbus,1);     Q=zeros(nbus,1);
Vr=real(Vc);         Vm=imag(Vc);

I=Ybarra*Vc;
Ir=real(I);           Im=imag(I);

P=Vr.*Ir+Vm.*Im;      Q=Vm.*Ir-Vr.*Im;
dP=Pg-Pd-P;           dQ=Qg-Qd-Q;

%% Matrizes adicionais de controle de tensão

C=zeros(npv,2*nbus+npv);
E=zeros(2*nbus,npv);

for k=1:npv
    kk=Barra_PV(k,1);
    C(k,kk)=Vr(kk)/V(kk);                 % dVK/dVr
    C(k,nbus+kk)=Vm(kk)/V(kk);            % dVK/dVm
    E(kk,k)=Vr(kk)/(V(kk)^2);             % dImk/dQgk
    E(nbus+kk,k)=-Vm(kk)/(V(kk)^2);       % dIrk/dQgk
end

%% Resíduos de corrente:
DeltaIr=zeros(nbus,1);
DeltaIm=zeros(nbus,1);

% Resíduos de corrente:
for k=1:nbus
    DeltaIr(k)=(Vr(k)*dP(k)+Vm(k)*dQ(k))/(V(k)^2);
    DeltaIm(k)=(Vm(k)*dP(k)-Vr(k)*dQ(k))/(V(k)^2);
    DeltaIr(Bref)=0;
    DeltaIm(Bref)=0;
end


% Resíduos de tensão para barras PV:

DeltaV=zeros(npv,1);
```

```
for k=1:npv
    Vesp(k,1)=V(Barra_PV(k));
    DeltaV(k)=Vesp(k)-V(Barra_PV(k));%;
end

% Definição do vetor de resíduos:

Residuos=[ DeltaIm; DeltaIr; DeltaV];


%% Precesso iterativo:

contador=0;  %contador de iterações

while max(abs(Residuos))>1E-5

    % MONTAGEM DA MATRIZ JACOBIANA:

    H=B;    N=G;    M=G;    L=-B;


    for d=1:nbus
        Pesp=Pg(d)-Pd(d);
        Qesp=Qg(d)-Qd(d);

        ak=(Qesp*(Vr(d)^2-Vm(d)^2)-2*Pesp*Vm(d)*Vr(d))/(V(d)^4);
        bk=(Pesp*(Vr(d)^2-Vm(d)^2)+2*Qesp*Vm(d)*Vr(d))/(V(d)^4);
        ck=(Pesp*(Vm(d)^2-Vr(d)^2)-2*Qesp*Vm(d)*Vr(d))/(V(d)^4);
        dk=(Qesp*(Vr(d)^2-Vm(d)^2)-2*Pesp*Vm(d)*Vr(d))/(V(d)^4);

        M(d,d)=G(d,d)-ck;            %dIr/dVr
        L(d,d)=-B(d,d)-dk;           %dIr/dVm
        H(d,d)=B(d,d)-ak;            %dIm/dVr
        N(d,d)=G(d,d)-bk;            %dIm/dVm

        M(Bref,Bref)=10e5;
        N(Bref,Bref)=10e5;
    end


    %% Matriz jacobiana:
    jac=[  H   N; M L];
    Jac=[  jac E; C];

    dE=Jac\Residuos;
```

```
%% Atualização das variáveis:


for b=1:nbus
    Vr(b)=Vr(b)+dE(b);
    Vm(b)=Vm(b)+dE(nbus+b);
end

for k=1:npv
    kk=Barra_PV(k);
    Qg(kk)=dE(2*nbus+k)+Qg(kk);
end

Vc=Vr+j*Vm;
V=abs(Vc);

I=Ybarra*Vc;
Ir=real(I);           Im=imag(I);

P=Vr.*Ir+Vm.*Im;     Q=Vm.*Ir-Vr.*Im;
dP=Pg-Pd-P;          dQ=Qg-Qd-Q;

%% Matrizes adicionais de controle

C=zeros(npv,2*nbus+npv);
E=zeros(2*nbus,npv);

for k=1:npv
    kk=Barra_PV(k,1);
    C(k,kk)=Vr(kk)/V(kk);                   % dQ/dVr
    C(k,nbus+kk)=Vm(kk)/V(kk);              % dQ/dVm
    E(kk,k)=Vr(kk)/(V(kk)^2);               % dImk/dQgk
    E(nbus+kk,k)=-Vm(kk)/(V(kk)^2);         % dIrk/dQgk
end

%% Resíduos
DeltaIr=zeros(nbus,1);
DeltaIm=zeros(nbus,1);

for k=1:nbus
    DeltaIr(k)=(Vr(k)*dP(k)+Vm(k)*dQ(k))/(V(k)^2);
    DeltaIm(k)=(Vm(k)*dP(k)-Vr(k)*dQ(k))/(V(k)^2);
    DeltaIr(Bref)=0;
    DeltaIm(Bref)=0;
end
```

```
    DeltaV=zeros(npv,1);
    for k=1:npv
        DeltaV(k)=Vesp(k)-V(Barra_PV(k));
    end

    Residuos=[DeltaIm; DeltaIr;  DeltaV];

    contador=contador+1;
end

%% Resposta:
V=abs(Vc);                % TENSÃO MAGNITUDE
teta=angle(Vc);           % ÂNGULO DE FASE
ANGULOS=teta*180/pi;      % ÂNGULOS EM GRAUS
[V ANGULOS]               % RESPOSTA
```

2.6 EXERCÍCIOS PROPOSTOS

1. **Explique as principais motivações que levaram à criação do método de injeção de correntes.**
2. **Explique as principais vantagens do método de injeção de correntes.**
3. **Explique como se dá a inicialização das tensões no método de injeção de correntes.**
4. **Implemente o código deste capítulo e compare os resultados com os obtidos utilizando a metodologia tradicional do primeiro capítulo. Compare o número de iterações e as diferenças entre os resultados.**
5. **Implemente o código computacional utilizando o sistema de 14 barras do IEEE.**
6. **Note que, no código implementado neste capítulo, as derivadas parciais referentes à barra de referência não são excluídas da formação da matriz jacobiana. No entanto, seus valores são iguais a 10^{10} (*big number*). Explique o motivo disso, visando à abordagem computacional.**

CAPÍTULO 3
Fluxo de potência ótimo

3.1 CONSIDERAÇÕES INICIAIS

Por meio do fluxo de potência, todas as magnitudes e ângulos de tensões em todas as barras do sistema podem ser obtidas a partir das especificações de variáveis que determinam o estado operativo da rede (GRANVILLE, 1994; MONTICELLI; PEREIRA; GRANVILLE, 1987). O objetivo da ferramenta, portanto, é minimizar o desvio entre valores calculados iterativamente e aqueles especificados correspondentes.

Note que, dependendo da carga do sistema, as tensões podem estar abaixo de limites impostos por normativas nacionais, não havendo um controle das variáveis de estado para que tais tensões estejam dentro de limites predeterminados.

O fluxo de potência ótimo (FPO) alia as equações do fluxo de potência com métodos de otimização, permitindo que, a partir da minimização ou maximização de uma determinada função objetivo, o estado operativo da rede seja calculado respeitando limites físicos e operacionais, os quais são modelados como restrições de desigualdade (WOOD; WOOLENBERG, 2005).

Genericamente, o FPO pode ser formulado como a seguir, em que $f(\mathbf{x})$ é a função objetivo a ser minimizada, sujeita a (s.a.) restrições de desigualdade e igualdade ($g(\mathbf{x})$ e $e(\mathbf{x})$ respectivamente).

$$\min f(\mathbf{x})$$

Sujeita a (s.a.)

$$g(\mathbf{x}) \leq 0$$

$$e(\mathbf{x}) = 0$$

Note que as variáveis funcionais são determinadas em relação a um vetor solução $\mathbf{x}$. Utilizando métodos apropriados para a resolução do problema formulado, chega-se a uma solução ótima que respeitará os critérios estabelecidos pelas restrições e atenderá à minimização imposta pela formulação do problema. Geralmente, o vetor solução é composto por valores de magnitudes e ângulos de tensões em todos os barramentos do sistema e variáveis de controle que podem interferir na resposta otimizada, como a potência reativa injetada por unidades geradoras a fim de controlar a tensão em valores específicos ou o valor do tape de transformadores, o qual pode ser determinado de maneira otimizada durante o processo de resolução do problema de otimização.

Em geral, as equações do fluxo de potência possuem características não lineares, bem como as restrições. Portanto, é necessária a aplicação de métodos como a programação quadrática sequencial, linearizações sucessivas ou o método de pontos interiores. Este último será descrito nesta obra por ter grande aplicabilidade no contexto da resolução de problemas de engenharia.

3.2 FUNÇÕES OBJETIVO

O objetivo de se utilizar um FPO pode compreender as mais diversas finalidades. Algumas das principais funções objetivo são descritas nesta seção.

3.2.1 MÁXIMO CARREGAMENTO

Esta função objetivo visa maximizar o carregamento da rede elétrica sob análise com o intuito de verificar em quanto a carga pode ser aumentada sem violar limites operacionais, como valores mínimos de tensão nas barras (TEIXEIRA; MELO; FILHO, 2021; RODRIGUEZ-GARCIA; PEREZ-LONDONO; MORA-FLOREZ, 2019).

Muito utilizada em estudos de planejamento e operação de sistemas de transmissão, esta função permite ao operador analisar a estabilidade de tensão por meio do conhecimento da margem de segurança do sistema, ou seja, quanto o carregamento total da rede pode ser aumentado sem violar nenhuma restrição operativa.

Matematicamente, pode ser expressa da seguinte maneira, em que $P_{d,k}$ é a potência demandada em uma barra de carga do sistema e N_d é o número total de barras de carga que terão seu valor maximizado:

$$\max f(\mathbf{x}) = \sum_{k=1}^{N_d} P_{d,k}$$

Nesta situação, o vetor solução é composto pelas magnitudes de tensão e seus ângulos, e as potências despachadas por unidades geradoras também podem ser variáveis do problema, uma vez que à medida que a carga do sistema aumentar, haverá a tendência de os geradores despacharem maior quantidade de potência, e as tensões tenderão a cair para valores menores que os nominais. Podem entrar como variáveis de controle também os tapes dos transformadores e valores de capacitância de elementos *shunt* destinados ao controle de tensão e correção de fator de potência.

3.2.2 MÁXIMA ACOMODAÇÃO DE GERAÇÃO DISTRIBUÍDA

Nesta situação, maximiza-se a potência gerada por cada unidade de geração distribuída, sendo N_{gd} o número total de unidades geradoras distribuídas alocadas no sistema. É muito comum em estudos realizados atualmente por concessionárias que desejam calcular o máximo montante de potência que pode ser injetada no sistema de média tensão sem violar os critérios de qualidade de energia estabelecidos pelo módulo 8 do PRODIST, como variações de tensão de longa duração, desvios de frequência e limites de distorção harmônica (KAGAN; OLIVEIRA; ROBBA, 2005). Este problema é conhecido na literatura como análise da máxima capacidade de hospedagem de geração distribuída em redes de distribuição (MULENGA; BOLLEN; ETHERDEN, 2020; HAJEFOROSH; KHATUN; BOLLEN, 2022).

$$\max f(\mathbf{x}) = \sum_{k=1}^{N_{gd}} P_{g,k}$$

Com a entrada exacerbada de geração distribuída, há uma tendência de as tensões do sistema se elevarem demasiadamente. Caso a potência gerada em uma barra seja superior à potência demandada, podem ocorrer os denominados fluxos reversos, os quais podem ser evitados considerando restrições de desigualdade (ESCARATI, 2020; ISMAEL, 2019).

3.2.3 MINIMIZAÇÃO DE PERDAS ATIVAS

A fim de minimizar as perdas ativas do sistema, é possível somar os fluxos $P_{km} + P_{mk}$ em cada ramo do sistema, conforme o seguinte equacionamento, em que Ω_L é o conjunto que compreende todas os ramos do sistema:

$$\min f(\mathbf{x}) = \sum_{km \in \Omega_L} P_{km} + P_{mk}$$

Esta função objetivo permite que o operador verifique a operação do sistema e determine o despacho ótimo de unidades geradoras a fim de minimizar perdas elétricas na transmissão de energia de uma rede elétrica.

3.2.4 MINIMIZAÇÃO DE CORTE DE CARGA

Para minimizar os cortes de carga, pode-se utilizar a seguinte função objetivo a ser minimizada, em que ϕ_k representa a fração de carga cortada na barra k.

$$\min f(\mathbf{x}) = \sum_{k=1}^{N_d} (1 - \phi_k) P_{d,k}$$

É comum durante a operação do sistema haver a necessidade de realizar cortes de carga com o objetivo de manter os níveis de tensão dentro de limites estabelecidos por normativas nacionais, para não comprometer a segurança e a estabilidade do sistema. Em geral cortam-se cargas não prioritárias, evitando a desenergizacão de grandes centros comerciais e hospitais, por exemplo.

3.2.5 MINIMIZAÇÃO DE DESVIO DE PONTO OPERATIVO

Pode-se minimizar a diferença quadrática entre os valores especificados de potências em todas as barras do sistema, analogamente ao fluxo de potência, conforme o equacionamento a seguir:

$$\min f(\mathbf{x}) = \sum_{k=1}^{N} \left(P_k^{esp} - P_k^{calc}\right)^2 + \sum_{k=1}^{N} \left(Q_k^{esp} - Q_k^{calc}\right)^2$$

3.2.6 MINIMIZAÇÃO DE CUSTO DE DESPACHO

Pode-se minimizar a potência injetada em cada barra com geração de acordo com a seguinte função objetivo, considerando um custo associado à produção de unidade geradora localizada na barra correspondente.

$$\min f(\mathbf{x}) = \sum_{k=1}^{N_g} c_k P_{g,k}$$

Conforme explicitado nesta seção, existem outras diversas opções para escolher a função objetivo a ser minimizada ou maximizada. Vale a ressalva, ainda, de que o problema de maximização de uma certa função é equivalente a minimizar seu valor multiplicando-a por -1 e/ou minimizar o inverso de seu valor. A escolha da formulação depende do programador e de seus intuitos.

3.3 RESTRIÇÕES DE DESIGUALDADE

Conforme explanado, há a necessidade de respeitar limites operacionais e físicos durante a operação dos sistemas elétricos de potência. Tais limites, por vezes, representam limitações físicas de uma máquina geradora, como a quantidade de potência reativa que pode ser inserida por ela no sistema. Outras vezes, a restrição de desigualdade exprime os valores mínimos e máximos estabelecidos por normativas nacionais.

Uma das restrições mais utilizadas habitualmente no contexto do FPO são os valores mínimos e máximos de magnitudes de tensão em barras do sistema. Geralmente, os valores mínimos e máximos devem ser 0,95 e 1,05 pu, respectivamente, conforme o módulo 8 do PRODIST e os Procedimentos de Redes do Operador Nacional do Sistema (ONS). Os limites são impostos mediante o equacionamento:

$$V_k^{min} \leq V_k \leq V_k^{max}$$

Há a possibilidade de adicionar como restrições os valores mínimos e máximos de abertura angular nas barras do sistema, conforme a seguir:

$$\theta_k^{min} \leq \theta_k \leq \theta_k^{max}$$

Por serem adotadas comumente como variáveis de estado do sistema as magnitudes e ângulos de tensão, suas restrições são comumente chamadas de *restrições de canalização.*

Como existem variáveis que podem ser obtidas em função das variáveis de estado, essas são chamadas de *restrições funcionais*, representando, por exemplo, limites mínimos e máximos de fluxo ativo e reativo passantes nas linhas de transmissão:

$$P_{km}^{min} \leq P_{km} \leq P_{km}^{max}$$

$$Q_{km}^{min} \leq Q_{km} \leq Q_{km}^{max}$$

As potências geradas também podem ser modeladas como restrições de desigualdade, excursionando entre o mínimo que podem gerar até a máxima capacidade de geração da unidade:

$$P_{g,k}^{min} \leq P_{g,k} \leq P_{g,k}^{max}$$

$$Q_{g,k}^{min} \leq Q_{g,k} \leq Q_{g,k}^{max}$$

A frequência do sistema, quando a regulação de frequência é modelada no problema, pode ser incluída como restrição, excursionando entre limites mínimos e máximos, bem como a distorção harmônica e outras grandezas elétricas de interesse.

3.4 RESTRIÇÕES DE IGUALDADE

A formulação do problema de otimização exige que as equações algébricas que regem o fluxo de potência sejam respeitadas. Por isso, essas equações são modeladas como restrições de igualdade, sendo representadas a seguir em caso do uso das equações em coordenadas polares:

$$P_k^{esp} - V_k \sum_{m \in K} V_m \left(G_{km} \cos(\theta_{km}) + B_{km} sen(\theta_{km}) \right) = 0$$

$$Q_k^{esp} - V_k \sum_{m \in K} V_m \left(G_{km} sen(\theta_{km}) - B_{km} cos(\theta_{km}) \right) = 0$$

Caso sejam usadas as equações em coordenadas retangulares do método de injeção de correntes para explicitar a relação entre variáveis especificadas e calculadas, deve-se usar as seguintes equações:

$$\Delta I_k^r = \frac{P_k V_k^r + Q_k V_k^m}{\left(V_k^r\right)^2 + \left(V_k^m\right)^2} - \sum_{i \in K} G_{ki} V_i^r - B_{ki} V_i^m = 0$$

$$\Delta I_k^m = \frac{P_k V_k^m - Q_k V_k^r}{\left(V_k^r\right)^2 + \left(V_k^m\right)^2} - \sum_{i \in K} G_{ki} V_i^m + B_{ki} V_i^r = 0$$

3.5 MÉTODO DE PONTOS INTERIORES

Desde a formulação original de Carpentier para o FPO, outros métodos foram propostos na literatura, incluindo o método do gradiente reduzido, por Dommel e Tinney em 1968; o método de injeções diferenciais, por Carpentier em 1973; o método de Newton, por Sun, Ashley, Brewer, Hughes e Tinney em 1984; e o método de programação linear sucessiva, por Alsaç, Bright, Prais e Stott em 1990 (WOOD; WOOLENBERG, 2005).

Esta seção aborda o método de pontos interiores primal-dual, proposto por Granville e Latorre (GRANVILLE; MELLO; MELO, 1996; LATORRE; GRANVILLE, 2003).

Um problema de otimização tradicional pode ser enunciado da seguinte forma, em que se deseja minimizar a função objetivo $f(x)$, sujeito a restrições de desigualdade e igualdade denotadas respectivamente por $g(x)$ e $e(x)$.

$$\min f(x)$$

s.a.:

$$g(x) \leq 0$$

$$e(x) = 0$$

Deve-se eliminar primeiramente as restrições de desigualdade, transformando-as em restrições de igualdade mediante a inserção das variáveis de folga *s*:

$$\min f(x)$$

s.a.:

$$g(x) + s = 0$$

$$e(x) = 0$$

$$s \geq 0$$

O próximo passo é relaxar a restrição inserindo-a na função objetivo mediante o parâmetro de barreira logarítmica β, que deve tender a zero; n_{ineq} representa o número de restrições de desigualdade do problema:

$$\min f(x) - \beta \sum_{i=1}^{n_{ineq}} \ln(s_i)$$

s.a.:

$$g(x) + s = 0$$

$$e(x) = 0$$

Forma-se a denominada função lagrangeana, a partir da equação a seguir, contendo os multiplicadores de Lagrange associados às restrições de desigualdade e de igualdade, respectivamente π e λ, inicialmente estipulados iguais ao valor unitário.

$$L = f(x) - \beta \sum_{i=1}^{n_{ineq}} \ln(s_i) + \pi^T \left(g(x) + s \right) + \lambda^T e(x)$$

Aplicando-se as condições de optimalidade de Karush-Kuhn-Tucker (KKT) de primeira ordem, obtém-se o sistema matricial em que S é uma matriz diagonal cujos elementos são os valores das variáveis de folga s.

$$\nabla L = \begin{bmatrix} \nabla f(x) + \pi^T \nabla g(x) + \lambda^T \nabla e(x) \\ g(x) + s \\ e(x) \\ S\pi \end{bmatrix} = \begin{bmatrix} 0 \\ 0 \\ 0 \\ \beta e \end{bmatrix}$$

Resolvendo o sistema matricial pela solução iterativa, usando Newton-Raphson, tem-se o seguinte sistema a ser resolvido iterativamente, em que I é a matriz identidade e representa as derivadas de segunda ordem de uma determinada equação calculada em função das variáveis do problema:

$$\begin{bmatrix} \nabla^2 f(x) + \pi^T \nabla^2 g(x) + \lambda^T \nabla^2 e(x) & \nabla g(x) & \nabla e(x) & 0 \\ \nabla g(x) & 0 & 0 & I \\ \nabla e(x) & 0 & 0 & 0 \\ 0 & S & 0 & \pi \end{bmatrix} . \begin{bmatrix} dx \\ d\pi \\ d\lambda \\ ds \end{bmatrix} =$$

$$= \begin{bmatrix} \nabla f(x) + \pi^T \nabla g(x) + \lambda^T \nabla e(x) \\ g(x) + s \\ e(x) \\ \beta e + S\pi \end{bmatrix}$$

Desta forma, pode-se obter iterativamente as direções dx, $d\pi$, $d\lambda$, ds.

Agora, calculam-se os passos α_p e α_d correspondentes às variáveis primais e duais, em que os multiplicadores de Lagrange e as variáveis de folga são estritamente positivos. Os passos são determinados para preservar a interioridade de todas as variáveis restritas ao problema.

$$\alpha_p = \min\left(1, \min\left(\frac{-s}{ds}\right)\right)$$

$$\alpha_d = \min\left(1, \min\left(\frac{-\pi}{d\pi}\right)\right)$$

Conhecendo-se os passos e direções, todas as variáveis podem ser atualizadas a cada iteração, até que uma dada tolerância seja satisfeita:

$$x^{it+1} = x^{it} + \alpha_p dx$$

$$s^{it+1} = s^{it} + \alpha_p ds$$

$$\pi^{it+1} = \pi^{it} + \alpha_d d\pi$$

$$\lambda^{it+1} = \lambda^{it} + \alpha_d d\lambda$$

A atualização do parâmetro barreira é dada pela expressão a seguir, em que ϑ é um valor percentual entre 0 e 1 que permite o decaimento do parâmetro a cada iteração do algoritmo até que ∇L seja menor que uma determinada tolerância, comumente adotada como 10^{-6} pu:

$$\beta^{it+1} = \vartheta . \beta^{it}$$

3.6 MÉTODO DA PROGRAMAÇÃO QUADRÁTICA SEQUENCIAL

Considere o mesmo problema de otimização genérico em que se minimiza uma função objetivo considerando restrições de desigualdade e igualdade.

$$\min f(x)$$

s.a.:

$$g(x) \leq 0$$

$$e(x) = 0$$

Neste caso, o problema de otimização original pode ser reescrito como um subproblema quadrático determinado com base na expansão da série de Taylor conforme descrito nas equações:

$$\min f\left(x^{it}\right) + \nabla f\left(x^{it}\right).\Delta x^{it} + \frac{1}{2}\nabla^2 f\left(x^{it}\right).\Delta\left(x^{it}\right)^2$$

s.a.:

$$g\left(x^{it}\right)\nabla g\left(x^{it}\right)\Delta x^{it} \leq 0$$

$$e\left(x^{it}\right)\nabla e\left(x^{it}\right)\Delta x^{it} = 0$$

Observe que a função objetivo é linearizada até os termos de segunda ordem da série de Taylor e as desigualdades são expandidas até que os termos de primeira ordem sejam todos linearizados em torno da solução a ser fornecida em uma dada iteração it.

A resposta é definida pelo valor exato de Δx^{it} em uma certa iteração e, então, a solução é atualizada conforme:

$$x^{it+1} = x^{it} + \Delta x^{it}$$

3.7 RELAÇÃO DOS MULTIPLICADORES DE LAGRANGE COM RESTRIÇÕES ATIVAS

No máximo ou mínimo global de uma função a ser maximizada ou minimizada, diz-se que a função atingiu seu ponto ótimo, denotado por $f\left(x^*\right)$, em que x^* denota a solução ótima determinada pelo método de pontos interiores.

De acordo com Granville, é possível notar uma importante relação dos multiplicadores de Lagrange em relação às restrições de desigualdade do problema. Aquelas restrições ativas, ou seja, aquelas que atingirem seus respectivos valores mínimos ou máximos, irão impactar de maneira mais expressiva a função objetivo, uma vez que estão delimitando a solução do problema a ser encontrada naquele espaço de busca determinado por suas limitações. Para a restrição ativa $g\left(x^*\right)$, observa-se que sua variável de folga será zero ao final do processo iterativo e o multiplicador de Lagrange será máximo, muito mais expressivo em relação às restrições não ativas.

É muito comum utilizar essa propriedade para avaliar a criticidade da solução – por exemplo, caso a função objetivo seja a maximização do carregamento do sistema e as restrições sejam limites inferiores de tensão iguais a 0,98, 0,95, 0,90. Pode-se notar que sempre haverá uma barra que será associada à menor tensão em módulo durante a execução do FPO. Essa barra é crítica e sempre estará associada ao maior valor do multiplicador de Lagrange.

Para os três casos especificados, 0,98, 0,95, 0,90, por exemplo, seria possível notar que, ao relaxar as restrições do problema, aumentando a expansão de seus limites inferiores, o multiplicador de Lagrange encontrado durante a solução do FPO será maior para o caso em que a restrição ativa atinge o valor de 0,98; será intermediário para quando a restrição for relaxada para 0,95; e será menor para o caso de 0,90. Desta forma, além de o multiplicador de Lagrange mostrar qual barra está associada a uma tensão crítica, o método ainda fornece uma relação que indica a proximidade do ponto operativo em relação à margem de carregamento do sistema, sendo útil para avaliar a estabilidade. Neste caso, quanto mais relaxado for o valor limite de tensão, menor será o maior multiplicador de Lagrange fornecido pelo FPO. Para modelos de potência constante, no ponto de máximo carregamento do sistema, é comum verificar que o multiplicador de Lagrange tenderá a zero, denotando proximidade de uma operação instável.

3.8 ASPECTOS COMPUTACIONAIS PARA MAXIMIZAÇÃO DE FATOR DE CARREGAMENTO

Note que, para a implementação computacional do fluxo de potência ótimo, será necessário utilizar a ferramenta *fmincon*, presente nas bibliotecas de otimização do MATLAB. O fluxo de potência resolvido no Capítulo 1 será utilizado como base, contendo todas as equações algébricas do fluxo de potência a ser utilizado, como as equações que regem o fluxo de potência ótimo.

A característica principal deste código é o chamamento recursivo e persistente do código do fluxo de potência principal sem necessidade de declarar restrições de igualdade. Entretanto, para acompanhar a formulação e declaração completa do FPO sem chamamento recursivo, sugere-se a leitura da subseção 3.9, em que um FPO é descrito para minimização de perdas de maneira completa.

Ainda, além do código contendo as equações algébricas do fluxo de potência (fluxo.m), serão criados três programas adicionais, os quais devem todos estar no mesmo diretório (mesma pasta): o principal (principal.m), que chama todos; o que define a função objetivo a ser minimizada ou maximizada (objecfun.m); e o contendo as restrições de desigualdade (nonlconstr.m). Estes serão mostrados a seguir:

Para o código objecfun.m:

```
function f = objecfun(Xi,V)

fator=Xi; % variável otimizada

fluxo; % atualiza o valor no fluxo de potência (fluxo.m)

f = 1/Xi; % maximizar o carregamento = minimizar 1/
carrregamento
```

Para o código nonlconstr.m:

```
function [c,ceq] = nonlconstr(Xi,V)

fator=Xi;     % valor atualizado da variável otimizada

fluxo;        % roda o fluxo de potência para atualizar os valores

c = [ % limite superior de tensão V<1.10 --> colocar na forma:
V-1.10 < 0
       V-1.10;
      % limite inferior de tensão V>0.95 --> colocar na forma:
-V+0.95< 0
     -V+0.95;
     ];

ceq = [];
```

Para o código principal.m

```
 clear all
 clc
 format short
 tic % para cálculo do tempo computacional


% Condição Inicial
x0 = [1];
Xi=1;
V=1;
```

```
% Constante de inequação e limite superior dela A*X<b
A=[];
b=[];
% Constante de restrição de igualdade e valor dela fixado:
Aeq*X=beq
Aeq=[];
beq=[];

% Limites inferiores e superiores para as varáveis do problema
X
lb = [0];
ub = [100];

%Opção a ser seguida usando programação quadrática sequencial
options=optimset('Display','iter','Algorithm','sqp');

% Resolução
[xsol, fval, exitflag,output,lagrange] = fmincon(@
(Xi) objecfun(Xi,V), x0, A, b, Aeq, beq,lb,ub, @(Xi)
nonlconstr(Xi,V),options)

% Informa tempo de computação
tempo=toc

% Resultados
fator=xsol;                % fator de carga otimizado
fluxo                      % roda o fluxo com as variáveis otimizadas
disp(V)                    % tensões otimizadas em cada barra
max(lagrange.ineqnonlin) % mostra o maior valor de
multiplicador de Lagrange
```

Para o código fluxo.m:

```
%          Barra   Tipo  V    Theta     Pg    Qg     Pd     Qd
DBAR = [    1       1    1.060  0        0     0      0      0
            2       2    1.05   0       40    42.4   21.7   12.7
            3       2    1.00   0        0    23.4   94.2   19.0
            4       3    1.0    0        0     0     47.8   -3.9
            5       3    1.0    0        0     0      7.6    1.6
            6       2    1.00   0        0    12.2   11.2    7.5
            7       3    1.0    0        0     0      0.0    0.0
            8       2    1.00   0        0    17.4    0.0    0.0
            9       3    1.0    0        0     0     29.5   16.6
            10      3    1.0    0        0     0      9.0    5.8
```

```
            11    3    1.0    0       0     0     3.5     1.8
            12    3    1.0    0       0     0     6.1     1.6
            13    3    1.0    0       0     0    13.5     5.8
            14    3    1.0    0       0     0   344.9   105.0
            ];

%           De     Para        R(pu)       X(pu)        B/2 (pu)       a
(TAP)
DLIN =  [    1      2        0.01938     0.05917      0.0264          1
             1      5        0.05403     0.22304      0.0246          1
             2      3        0.04699     0.19797      0.0219          1
             2      4        0.05811     0.17632      0.0170          1
             2      5        0.05695     0.17388      0.0173          1
             3      4        0.06701     0.17103      0.0064          1
             4      5        0.01335     0.04211      0.0             1
             4      7        0.0         0.20912      0.0         0.978
             4      9        0.0         0.55618      0.0         0.969
             5      6        0.0         0.25202      0.0         0.932
             6     11        0.09498     0.19890      0.0             1
             6     12        0.12291     0.25581      0.0             1
             6     13        0.06615     0.13027      0.0             1
             7      8        0.0         0.17615      0.0             1
             7      9        0.0         0.11001      0.0             1
             9     10        0.03181     0.08450      0.0             1
             9     14        0.12711     0.27038      0.0             1
            10     11        0.08205     0.19207      0.0             1
            12     13        0.22092     0.19988      0.0             1
             13     14        0.17093     0.34802      0.0           1
            ];

%% Etapa 1) Leitura dos dados de ramos:

DE = DLIN(:,1);       % barra DE
PARA = DLIN(:,2);       % barra PARA

r = DLIN(:,3);        % resistência
x = DLIN(:,4);        % reatância
b = DLIN(:,5);        % admitância shunt
a = DLIN(:,6);        % valor de tap
z = r + i*x;          % Impedâncias dos trechos
y = 1./z;             % Admitâncias dos trechos
b = i*b;              % Compatibilizando b imaginário

NB = max(max(DLIN(:,1)),max(DLIN(:,2)));    % número de barras
NL = length(DLIN(:,1));                   % número de ramos
```

```
%% Etapa 2) Formação da matriz de admitância nodal

Y = zeros(NB,NB);

 % Elementos fora da diagonal
 for k = 1:NL
     Y(DE(k),PARA(k)) = Y(DE(k),PARA(k)) - y(k)/a(k);
     Y(PARA(k),DE(k)) = Y(DE(k),PARA(k));
 end

 % Elementos da diagonal
 for m = 1:NB
     for n = 1:NL
         if DE(n) == m
             Y(m,m) = Y(m,m) + y(n)/(a(n)^2) + b(n);
         elseif PARA(n) == m
             Y(m,m) = Y(m,m) + y(n) + b(n);
         end
     end
 end

G = real(Y);                  % Matriz de Condutâncias
B = imag(Y);                  % Matriz de Susceptâncias

%% Leitura de dados de barra:
SBASE = 1e3;                   % Potência base
BARRA = DBAR(:,1);             % Número da barra
TIPO = DBAR(:,2);              % Tipo da barra: 1-Referência,
2-PV, 3-PQ.
V = DBAR(:,3);                 % Tensões especificadas
ANGULOS = DBAR(:,4);           % ângulos de fase
Pg = DBAR(:,5)/SBASE;          % Potência Ativa gerada
Qg = DBAR(:,6)/SBASE;          % Potência Reativa gerada
Pl = DBAR(:,7)/SBASE;          % Potência ativa demandada
Ql = DBAR(:,8)/SBASE;          % Potência reativa demandada
NBARRA = max(BARRA);           % Número total de barras
P = Pg - Pl*fator;             % DEMANDA VEZES FATOR DE CARGA
Q = Qg - Ql*fator;             % DEMANDA VEZES FATOR DE CARGA
Psp = P;                       % Potência ativa especificada
Qsp = Q;                       % Potência reativa especificada

pv = find(TIPO == 2 | TIPO == 1);        % Índice de barras PV
npv = length(pv);                        % Número de barras PV
pq = find(TIPO == 3);                    % Índice de barras PQ
npq = length(pq);                        % Número de barras PQ
```

```
%% Etapa 3) Processo iterativo de Newton-Raphson
Tol = 10;                  % variável de tolerância
Iter = 0;                  % variável contadora de iterações

while (Tol > 1e-6)   % início do processo iterativo
    P = zeros(NBARRA,1);
    Q = zeros(NBARRA,1);
    % Calcular P and Q funcionais
    for i = 1:NBARRA
        for k = 1:NBARRA
            P(i) = P(i) + V(i)* V(k)*(G(i,k)*cos(ANGULOS(i)-
ANGULOS(k)) + B(i,k)*sin(ANGULOS(i)-ANGULOS(k)));
            Q(i) = Q(i) + V(i)* V(k)*(G(i,k)*sin(ANGULOS(i)-
ANGULOS(k)) - B(i,k)*cos(ANGULOS(i)-ANGULOS(k)));
        end
    end

    % Calcular resíduos de potências
    dPa = Psp-P;
    dQa = Qsp-Q;

    k = 1;
    dQ = zeros(npq,1);
    for i = 1:NBARRA
        if TIPO(i) == 3
            dQ(k,1) = dQa(i);
            k = k+1;
        end
    end
    dP = dPa(2:NBARRA);
    residuos = [dP; dQ];          % Vetor de resíduos

    % Jacobiana: J1 - Derivadas parciais de P em relação a
ângulos
    J1 = zeros(NBARRA-1,NBARRA-1);
    for i = 1:(NBARRA-1)
        m = i+1;
        for k = 1:(NBARRA-1)
            n = k+1;
            if n == m
                for n = 1:NBARRA
                    J1(i,k) = J1(i,k) + V(m)* V(n)*(-
G(m,n)*sin(ANGULOS(m)-ANGULOS(n)) + B(m,n)*cos(ANGULOS(m)-
ANGULOS(n)));
                end
```

```
                J1(i,k) = J1(i,k) - V(m)^2*B(m,m);
            else
                J1(i,k) = V(m)* V(n)*(G(m,n)*sin(ANGULOS(m)-
ANGULOS(n)) - B(m,n)*cos(ANGULOS(m)-ANGULOS(n)));
            end
        end
    end

    % J2 - Derivadas parciais de P em relação a V
    J2 = zeros(NBARRA-1,npq);
    for i = 1:(NBARRA-1)
        m = i+1;
        for k = 1:npq
            n = pq(k);
            if n == m
                for n = 1:NBARRA
                    J2(i,k) = J2(i,k) +
V(n)*(G(m,n)*cos(ANGULOS(m)-ANGULOS(n)) +
B(m,n)*sin(ANGULOS(m)-ANGULOS(n)));
                end
                J2(i,k) = J2(i,k) + V(m)*G(m,m);
            else
                J2(i,k) = V(m)*(G(m,n)*cos(ANGULOS(m)-
ANGULOS(n)) + B(m,n)*sin(ANGULOS(m)-ANGULOS(n)));
            end
        end
    end

    % J3 - Derivadas parciais de Q em relação a ângulos
    J3 = zeros(npq,NBARRA-1);
    for i = 1:npq
        m = pq(i);
        for k = 1:(NBARRA-1)
            n = k+1;
            if n == m
                for n = 1:NBARRA
                    J3(i,k) = J3(i,k) + V(m)*
V(n)*(G(m,n)*cos(ANGULOS(m)-ANGULOS(n)) +
B(m,n)*sin(ANGULOS(m)-ANGULOS(n)));
                end
                J3(i,k) = J3(i,k) - V(m)^2*G(m,m);
            else
                J3(i,k) = V(m)* V(n)*(-G(m,n)*cos(ANGULOS(m)-
ANGULOS(n)) - B(m,n)*sin(ANGULOS(m)-ANGULOS(n)));
            end
```

```
        end
    end

    % J4 - Derivadas parciais de Q em relação a V
    J4 = zeros(npq,npq);
    for i = 1:npq
        m = pq(i);
        for k = 1:npq
            n = pq(k);
            if n == m
                for n = 1:NBARRA
                    J4(i,k) = J4(i,k) +
V(n)*(G(m,n)*sin(ANGULOS(m)-ANGULOS(n)) -
B(m,n)*cos(ANGULOS(m)-ANGULOS(n)));
                end
                J4(i,k) = J4(i,k) - V(m)*B(m,m);
            else
                J4(i,k) = V(m)*(G(m,n)*sin(ANGULOS(m)-
ANGULOS(n)) - B(m,n)*cos(ANGULOS(m)-ANGULOS(n)));
            end
        end
    end

    J = [J1 J2; J3 J4];             % Matriz Jacobiana

    X = inv(J)*residuos;            % Definição de X com resíduos
de V e ângulos
    dTh = X(1:NBARRA-1);            % Resíduos de ângulos
    dV = X(NBARRA:end);             % Resíduos de tensões V

    % Atualização do vetor solução:
    ANGULOS(2:NBARRA) = dTh + ANGULOS(2:NBARRA);
    k = 1;
    for i = 2:NBARRA
        if TIPO(i) == 3
            V(i) = dV(k) + V(i);
            k = k+1;
        end
    end
    Iter = Iter + 1;            % próxima iteração
    Tol = max(abs(residuos));   % cálculo de tolerância
end
```

3.9 ASPECTOS COMPUTACIONAIS PARA A MINIMIZAÇÃO DE PERDAS ELÉTRICAS

O código abaixo destina-se à minimização de perdas elétricas. O código contendo a função objetivo (FOB.m), as restrições do fluxo de potência ótimo (RLIN.m) e o arquivo principal (Principal.m) são mostrados a seguir, devendo os três estarem salvos na mesma pasta e diretório:

```
% FOB.m: Código para a função objetivo

function f = FOB(X,NB,n_ramos,DE,PARA,g,b,FASE,TAP,TIPO_R)

V    = X(1:NB);
TETA = X(NB+1:2*NB);

% Fluxos passantes pelas linhas e ramos:
Pkm = zeros(n_ramos,1);
Pmk = zeros(n_ramos,1);

for trecho=1:n_ramos

    k = DE(trecho); m = PARA(trecho);
    Vk = V(k); Vm = V(m);
    Tk = TETA(k); Tm = TETA(m);
    gkm = g(trecho); bkm = b(trecho);
    fi = FASE(trecho);a = TAP(trecho);

    if TIPO_R(trecho) == 0
        Pkm(trecho) = gkm*Vk^2 - Vk*Vm*(gkm*cos(Tk - Tm) +
bkm*sin(Tk - Tm));
        Pmk(trecho) = gkm*Vm^2 - Vk*Vm*(gkm*cos(Tk - Tm) -
bkm*sin(Tk - Tm));
    end
    if TIPO_R(trecho) == 1
        Pkm(trecho) = (a^2)*gkm*(Vk^2) - a*Vk*Vm*(gkm*cos(Tk -
Tm) + bkm*sin(Tk - Tm));
        Pmk(trecho) = gkm*(Vm^2) - a*Vk*Vm*(gkm*cos(Tk - Tm) -
bkm*sin(Tk - Tm));
    end
    if TIPO_R(trecho) == 2
        Pkm(trecho) = gkm*Vk^2 - Vk*Vm*(gkm*cos(Tk - Tm + fi) +
bkm*sin(Tk - Tm + fi));
        Pmk(trecho) = gkm*Vk^2 - Vk*Vm*(gkm*cos(Tk - Tm + fi) -
bkm*sin(Tk - Tm + fi));
    end
end

f = sum(Pkm+Pmk); % Cálculo de Perdas Totais
```

```
% RLIN.m: Código para restrições

function [c,ceq]= R_NLIN(X,NB,n_ramos,Ybus,TIPO_B,Pd,Qd,n_
ger,Smax_km,DE,PARA,g,b,FASE,TAP,TIPO_R,ysht_linha)

Vi    = X(1:NB);
TETAi = X(NB+1:2*NB);
Pgi   = X(2*NB+1:2*NB+n_ger);
Qgi   = X(2*NB+n_ger+1 : 2*NB+2*n_ger);

V = Vi';
TETA = TETAi';
Pg = Pgi';
Qg = Qgi';

% Restrição Não Linear de Igualdade:

Vret = V.*(cos(TETA)+1i*sin(TETA));
I = Ybus*(Vret);
S = (Vret).*conj(I);

Pcalc = real(S);
Qcalc = imag(S);

h=0;

for k=1:NB
    if TIPO_B(k)==1 || TIPO_B(k)==2 % para barras de Geração
        h=h+1;
        DeltaP(h) = Pg(h) - Pd(k) - Pcalc(k);
        DeltaQ(h) = Qg(h) - Qd(k) - Qcalc(k);
    end
end

ceq = [DeltaP ; DeltaQ]; % Restrições de igualdade (equações
do fluxo de potência);

%---------------------------------------------------------------
---------------
% Restrição não linear de desigualdade:

Pkm = zeros(n_ramos,1);
Pmk = zeros(n_ramos,1);

for trecho=1:n_ramos

    k = DE(trecho); m = PARA(trecho);
    Vk = V(k); Vm = V(m);
```

```
    Tk = TETA(k); Tm = TETA(m);
    gkm = g(trecho); bkm = b(trecho);
    fi = FASE(trecho); a = TAP(trecho);
    bsh = ysht_linha(trecho);

    if TIPO_R(trecho) == 0
        Pkm(trecho) = gkm*Vk^2 - Vk*Vm*(gkm*cos(Tk - Tm) +
bkm*sin(Tk - Tm));
        Qkm(trecho) = -(bsh + bkm)*(Vk^2) + Vk*Vm*(bkm*cos(Tk-
Tm) - gkm*sin(Tk-Tm));
    end
    if TIPO_R(trecho) == 1
        Pkm(trecho) = (a^2)*gkm*(Vk^2) - a*Vk*Vm*(gkm*cos(Tk -
Tm) + bkm*sin(Tk - Tm));
        Qkm(trecho) = -(a^2)*bkm*Vk^2 + a*Vk*Vm*(bkm*cos(Tk -
Tm) - gkm*sin(Tk - Tm));
    end
    if TIPO_R(trecho) == 2
        Pkm(trecho) = gkm*Vk^2 - Vk*Vm*(gkm*cos(Tk - Tm + fi) +
bkm*sin(Tk - Tm + fi));
        Qkm(trecho) = -bkm*Vk^2 + Vk*Vm*(bkm*cos(Tk - Tm + fi)
- gkm*sin(Tk - Tm + fi));
    end
    Skm(trecho,1)= sqrt((Pkm(trecho)^2)+(Qkm(trecho)^2));
end

c = [Skm-Smax_km];

% Principal.m: Código principal para o FPO

clc
clear all
close all

%              Barra    V   Teta    Pg      Qg     Pl      Ql  ysht_bus
tipo_b Qmin Qmax
DBAR= [    1    1000   0  232.4  -16.9     0      0      0    2     0    0
           2    1000   0   40     42.4   21.7   12.7     0    1   -40   50
           3    1000   0    0     23.4   94.2   19.0     0    1     0   40
           4    1000   0    0        0   47.8   -3.9     0    0     0    0
           5    1000   0    0        0    7.6    1.6     0    0     0    0
           6    1000   0    0     12.2   11.2    7.5     0    1    -6   24
           7    1000   0    0        0      0      0     0    0     0    0
           8    1000   0    0     17.4      0      0     0    1    -6   24
           9    1000   0    0        0   29.5   16.6    19    0     0    0
           10   1000   0    0        0    9.0    5.8     0    0     0    0
           11   1000   0    0        0    3.5    1.8     0    0     0    0
           12   1000   0    0        0    6.1    1.6     0    0     0    0
           13   1000   0    0        0   13.5    5.8     0    0     0    0
           14   1000   0    0        0   14.9    5.0     0    0     0
 0];
```

```
%                B_DE     B_PARA    r(%)      x(%)  tap     ang. tap
ysht_linha tipo
DLIN= [  1         2      1.938    5.917    0        0       5.28    0
         1         5      5.403   22.304    0        0       4.92    0
         2         3      4.699   19.797    0        0       4.38    0
         2         4      5.811   17.632    0        0       3.40    0
         2         5      5.695   17.388    0        0       3.46    0
         3         4      6.701   17.103    0        0       1.28    0
         4         5      1.335    4.211    0        0       0       0
         4         7      0.000   20.912   0.978     0       0       1
         4         9      0.000   55.618   0.969     0       0       1
         5         6      0.000   25.202   0.932     0       0       1
         6        11      9.498   19.890    0        0       0       0
         6        12     12.291   25.581    0        0       0       0
         6        13      6.615   13.027    0         0      0       0
         7         8      0.000   17.615   1.000      0      0       1
         7         9      0.000   11.001   1.000      0      0       1
         9        10      3.181    8.450    0         0      0       0
         9        14     12.711   27.038    0         0      0       0
        10        11      8.205   19.207    0         0      0       0
        12        13     22.092   19.988    0         0      0       0
        13        14     17.093   34.802    0         0      0       0
];

%% Leitura dos dados de linha:
DE = DLIN(:,1);
PARA=DLIN(:,2);
Rserie = (1/100)*DLIN(:,3); % dividido por 100 pois está em %
Xserie = (1/100)*DLIN(:,4);
TAP = DLIN(:,5);
FASE = (pi/180)*DLIN(:,6);
ysht_linha = (1/200)*DLIN(:,7);
TIPO_R = DLIN(:,8);
% TIPO_R: 0 (Linha de Transmissão); 1 (transformador OLTC em
fase); 2 (defasador);

n_ramos=numel(DE);
NB=max(max(DE),max(PARA));
Ybus=zeros(NB,NB);
Zserie=Rserie+1j*Xserie;

%% Leitura dos dados de barra:
Barra = DBAR(:,1);
V = (1/1000)*DBAR(:,2);
TETA = (pi/180)*DBAR(:,3);
Pg = (1/100)*DBAR(:,4);
Qg = (1/100)*DBAR(:,5);
Pd = (1/100)*DBAR(:,6);
Qd = (1/100)*DBAR(:,7);
ysht_bus = (1/100)*DBAR(:,8);
TIPO_B = DBAR(:,9); %tipo=0(barra PQ); tipo=1(barra PV);
```

```
tipo=2(barra slack)
Qmin= (1/100)*DBAR(:,10);
Qmax= (1/100)*DBAR(:,11);
Vesp = V;

%=============== Montagem de Ybus e de gkm e bkm
===========================
for i=1:n_ramos
    k= DE(i); m=PARA(i);
    yshunt=ysht_linha(i); a=TAP(i); ykm=1./Zserie(i);
fi=FASE(i);

    if TIPO_R(i)==0 % Tipo 0(Linha de Transmissão)
        Ybus(k,k)=Ybus(k,k)+ykm+1j*yshunt;
        Ybus(m,m)=Ybus(m,m)+ykm+1j*yshunt;
        Ybus(k,m)=Ybus(k,m)-ykm;
        Ybus(m,k)=Ybus(k,m);
    end
    if TIPO_R(i)==1 % Tipo 1
        Ybus(k,k)=Ybus(k,k)+ykm*a^2;
        Ybus(m,m)=Ybus(m,m)+ykm;
        Ybus(m,k)=Ybus(m,k)-a*ykm;
        Ybus(k,m)=Ybus(m,k);
    end
    if TIPO_R(i)==2 % Tipo 2
        Ybus(k,k)=Ybus(k,k)+ykm*a^2;
        Ybus(m,m)=Ybus(m,m)+ykm;
        Ybus(k,m)=Ybus(k,m)-a*ykm*exp(-1j*fi);
        Ybus(m,k)=Ybus(m,k)-a*ykm*exp(1j*fi);
    end
    if TIPO_R(i) == 3 % Tipo 3: banco de capacitcres em
derivação
        Ybus(k,k)=Ybus(k,k) + 1j*yshunt;
    end
end

G=real(Ybus);
B=imag(Ybus);

for k=1:n_ramos
    y(k) = 1./Zserie(k);
    g(k) = real(y(k));
    b(k) = imag(y(k));
end
```

```
% Cálculo do Fluxo por Newton-Raphson

H=zeros(NB,NB);
N=zeros(NB,NB);
M=zeros(NB,NB);
L=zeros(NB,NB);

Vret= V.*(cos(TETA)+j*sin(TETA));
I=Ybus*Vret;
S=Vret.*conj(I);

Pcalc=real(S);
Qcalc=imag(S);

Pesp = Pg-Pd;
Qesp = Qg-Qd;

DeltaP=Pesp-Pcalc;
DeltaQ=Qesp-Qcalc;

Residuos=[DeltaP;DeltaQ];

cont=0;

while max(abs(Residuos))>1e-5
    cont=cont+1;
    for k=1:NB
        tkm=TETA(k)-TETA(m);
        for m=1:NB
            if k==m
                H(k,k)= -(Qcalc(k)+power(V(k),2)*B(k,k));
                N(k,k)= power(V(k),-1)*(Pcalc(k)+power(V(k),2)
*G(k,k));
                M(k,k)= Pcalc(k)-power(V(k),2)*G(k,k);
                L(k,k)= power(V(k),-1)*(Qcalc(k)-
power(V(k),2)*B(k,k));
            else
            H(k,m)= V(k)*V(m)*(G(k,m)*sin(tkm)-
B(k,m)*cos(tkm));
                N(k,m)= V(k)*(G(k,m)*cos(tkm)+B(k,m)*sin(tkm));
                M(k,m)= -V(k)*V(m)*(G(k,m)*cos(tkm)+B(k,m)*sin
(tkm));
                L(k,m)= V(k)*(G(k,m)*sin(tkm)-B(k,m)*cos(tkm));
            end
        end
    end

    for k=1:NB
```

```
        if TIPO_B(k)==2 % Referência
            DeltaP(k)=0;
            DeltaQ(k)=0;
            H(k,k)=10^10;
            L(k,k)=10^10;
        end
        if TIPO_B(k)==1 % PV
            DeltaQ(k)=0;
            L(k,k)=10^10;
        end
    end
    Residuos=[DeltaP;DeltaQ];

    J = [H N;
         M L];

    Deltax=inv(J)*Residuos;

    for k=1:NB
        V(k)=V(k)+Deltax(NB+k);
        TETA(k)=TETA(k)+Deltax(k);
    end

    Vret=V.*(cos(TETA)+j*sin(TETA));
    I=Ybus*Vret;
    S=Vret.*conj(I);

    Pcalc=real(S);
    Qcalc=imag(S);

    DeltaP=Pesp-Pcalc;
    DeltaQ=Qesp-Qcalc;

    for k=1:NB
        if TIPO_B(k)==2 %Referência
            DeltaP(k)=0;
            DeltaQ(k)=0;
        end
        if TIPO_B(k)==1 %Barra PV
            DeltaQ(k)=0;
        end
    end
    Residuos=[DeltaP;DeltaQ];
end

% As perdas máximas aceitáveis serão duas vezes as perdas
nominais
```

```
for i=1:n_ramos
    Pkm1(i,1)=Pcalc(DE(i))-Pcalc(PARA(i));
    Qkm1(i,1)=Qcalc(DE(i))-Qcalc(PARA(i));
    Smax_km(i,1) = 2*(sqrt(Pkm1(i)^2) + (Qkm1(i)^2));
end

%-----------------------------------------------------------------
-----------------------------
% LIMITES inferiores e superiores para as variáveis do
problema:

GER = find(TIPO_B~=0); % Vetor de Posições de barras PV e slack
n_ger = numel(GER);    % Numero de Geradores

% Limites de Tensão de 0.90 até 1.10 pu
VMAX = 1.10*ones(1,NB);
VMIN = 0.90*ones(1,NB);

% Limites para Ângulo:
TETAMAX = 0.25*pi*ones(1,NB);
TETAMIN = -0.25*pi*ones(1,NB);

% Limites de Potência Ativa nas Barras de Geração (2 vezes
maiores que a nominal)
PGMIN=zeros(1,n_ger);
PGMAX=zeros(1,n_ger);

for i=1:n_ger
    PGMAX(i) = 2*Pg(GER(i));
end

% Limites de Potência Reativa nas Barras de Geração:

QGMIN=zeros(1,n_ger);
QGMAX=zeros(1,n_ger);

for i=1:n_ger
    QGMIN(i) = -2*abs(Qg(GER(i)));
    QGMAX(i) = 2*abs(Qg(GER(i)));
end

% Limites para o Fluxo de Potência:

LB = [VMIN TETAMIN PGMIN QGMIN];
UB = [VMAX TETAMAX PGMAX QGMAX];

%-----------------------------------------------------------------
-----------------------------
```

```
% Vetor X0 inicial das variáveis:

X0(1:NB)            = 1.5*(VMIN+VMAX);
X0(NB+1:2*NB)    = 1.5*(TETAMIN+TETAMAX);

for k=1:n_ger
    X0(2*NB+k) = 1.5*(PGMIN(k)+PGMAX(k));
    X0(2*NB+n_ger+k) = 1.5*(QGMIN(k)+QGMAX(k));
end

% Restrição Linear de Desigualdade:
% Constante de inequação e limite superior dela A*X<b

A=[];
B=[];

% Restrição Linear de Igualdade:
% Constante de restrição de igualdade e valor dela fixado:
Aeq*X=beq

V_zero = zeros(1,NB);
Teta_zero = zeros(1,NB);
Pg_zero = zeros(1,n_ger);
Qg_zero = zeros(1,n_ger);
Beq= zeros(1,2*NB+2*n_ger);

Bar_VT = find(TIPO_B==2); % Tipo_B:0(barra PQ);1(barra
PV);2(barra slack)
n_bar_VT = numel(Bar_VT);

for i=1:n_bar_VT
    V_zero(Bar_VT(i))= 1;
    Teta_zero(Bar_VT(i))= 1;
    Beq(i) = V(Bar_VT(i));
    Beq(NB+i) = TETA(Bar_VT(i));
end

Aeq = diag([V_zero Teta_zero Pg_zero Qg_zero]);

% Solução Escolhida: Resolução via SQP
options = optimset('Display','iter','Algorithm','sqp','MaxFunE
vals',1e5);

% Resolução

[X, fval,exitflag,output] = fmincon(@(X) FOB(X,NB,n_ramos,DE,PA
RA,g,b,FASE,TAP,TIPO_R), X0, A, B, Aeq, Beq, LB, UB, ...
    @(X) R_NLIN(X,NB,n_ramos,Ybus,TIPO_B,Pd,Qd,n_ger,Smax_km,D
```

```
E,PARA,g,b,FASE,TAP,TIPO_R,ysht_linha),options);

V    = X(1:NB);
Teta = X(NB+1:2*NB);
Pg   = X(2*NB+1:2*NB+n_ger);
Qg   = X(2*NB+n_ger+1:2*NB+2*n_ger);

Perdas=fval % resposta das perdas
```

3.10 EXERCÍCIOS PROPOSTOS

1. **Qual é o principal objetivo de um fluxo de potência ótimo?**
2. **Quais são as diferenças entre um fluxo de potência ótimo e um fluxo de potência tradicional?**
3. **O que ocorre no código implementado neste capítulo caso a tolerância do algoritmo seja diminuída?**
4. **Qual é a relação entre as restrições ativas e os multiplicadores de Lagrange do método de pontos interiores?**
5. **Implemente o código descrito neste capítulo, na subseção 3.7, considerando as tensões entre 0,95 e 1.10 pu. Qual foi o fator de carregamento máximo obtido? Qual foi o menor valor de tensão e a qual barra ele está associado? Qual foi o maior valor dos multiplicadores de Lagrange?**
6. **Execute o código novamente considerando as tensões entre 0,90 e 1,10 pu. Qual foi o novo valor do fator de carregamento máximo encontrado? Qual foi o menor valor de tensão encontrado? Qual foi o maior valor do multiplicador de Lagrange?**
7. **Execute o código novamente considerando as tensões entre 0,85 e 1,15 pu. Qual foi o novo valor do fator de carregamento máximo encontrado? Qual foi o menor valor de tensão encontrado? Qual foi o maior valor do multiplicador de Lagrange?**
8. **Explique o que acontece com o fator de carga e com os multiplicadores de Lagrange quando se relaxam os valores limites das restrições, conforme feito nos exercícios 5, 6 e 7 em sequência.**
9. **Implemente o código descrito na subseção 3.9 e verifique o valor das perdas do sistema.**

CAPÍTULO 4
Análise de contingências

4.1 CONSIDERAÇÕES INICIAIS

A análise de contingência é de fundamental importância para a operação de sistemas elétricos de potência. O critério de confiabilidade adotado na maior parte dos sistemas de potência operados pelo Operador Nacional do Sistema (ONS) é o n-1. Segundo esse critério, mesmo que haja a perda de uma linha de transmissão do sistema, ele continua operando de forma segura e estável.

Os cálculos para avaliação de análises de contingências são associados a elevados tempos computacionais, necessitando de metodologias ágeis sob o ponto de vista computacional, capazes de prever o estado operativo de redes elétricas supondo a perda de unidades geradoras, linhas de transmissão, transformadores ou dispositivos de controle.

A forma mais prática e confiável para analisar a perda de um elemento no sistema consiste na execução de um fluxo de potência supondo contingências simples e múltiplas. Entretanto, esta tarefa exige um tempo computacional desvantajoso, que não é compatível com a operação em tempo real dos sistemas elétricos (WOOD; WOOLENBERG, 2005).

O ONS possui uma lista predeterminada, contendo, por ordem de severidade, quais são as contingências mais críticas para o sistema. Regularmente, esta lista é utilizada para a execução de sucessivos fluxos de potência resolvidos por Newton-Raphson, demandando grande esforço computacional.

Para exemplificar e contextualizar a importância da seleção de contingências, considere a Figura 4.1 a seguir. Considere que a fonte fornecedora de energia possa gerar toda a energia necessária para transmitir e atender a uma carga total de 50 MW. Cada uma das linhas em paralelo transmite 25 MW por terem propriedade físicas similares. Entretanto, cada uma possui capacidade de transportar apenas 40 MW, sendo este limite imposto por limite físico do elemento.

Suponha que uma das linhas sofra um contingenciamento, sendo removida durante a operação da rede. Note que a segunda linha só poderá transmitir 40 MW e, neste caso, a carga não poderá ser suprida totalmente, havendo a necessidade de um corte de carga de 10 MW.

Perceba que, neste exemplo simples, mediante um caso único de contingência, a operação do sistema foi estabelecida a partir de limites práticos, e haveria a necessidade de cortar o mínimo possível de carga a fim de atender à demanda solicitante de potência sem danificar o sistema.

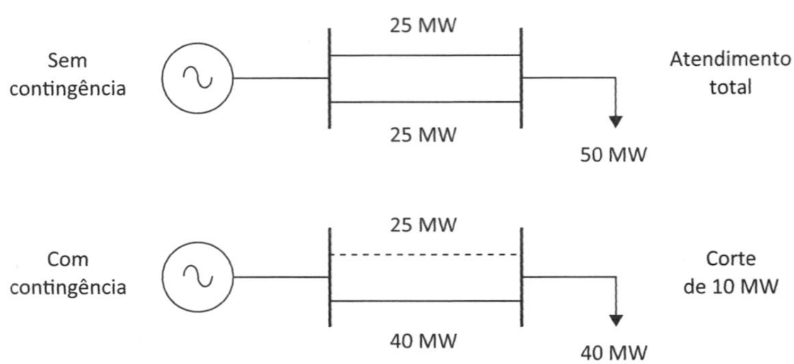

Figura 4.1 Sistema sem e com contingência.

Dentre os métodos mais adequados está a análise de alterações de redes, a qual estabelece uma sensibilidade devido à perda de algum elemento, estimando os valores de tensão em todas as barras do sistema de uma forma direta, não necessitando de métodos computacionais com cálculo iterativo. A análise de alterações pode ser aplicada também ao planejamento de expansão de sistemas de potência mediante a inclusão de novos elementos, incluindo a construção de novas linhas ou unidades de geração.

Devido à grande aplicabilidade do método de alteração de redes, este será priorizado nesta obra, especificamente neste capítulo.

4.2 ANÁLISE DE ALTERAÇÕES

A análise de alterações em redes considera um sistema de N barras com uma matriz de admitância nodal $Y^0(NxN)$, em que o sobrescrito 0 indica sua formação original sem nenhuma alteração prévia.

Suponha que uma variação Δy_{km} seja introduzida, representando a adição ou remoção de uma admitância longitudinal em qualquer ramo do sistema, entre as barras k e m. A matriz de admitância resultante terá a seguinte forma para uma alteração simples:

$$Y = Y^0 + \Delta Y$$

$$\Delta Y = \begin{bmatrix} \cdots & \vdots & & \vdots & \\ & +\Delta y_{km} & \cdots & -\Delta y_{km} & \cdots \\ & \vdots & & \vdots & \\ \cdots & -\Delta y_{km} & \cdots & +\Delta y_{km} & \cdots \\ & \vdots & & \vdots & \end{bmatrix} \begin{matrix} \\ \boldsymbol{k} \\ \\ \boldsymbol{m} \\ \\ \end{matrix}$$

A matriz da ΔY pode ser representada como:

$$\Delta Y = \Delta y_{km} e_{km} e_{km}^T$$

O vetor e_{km} é composto por elementos nulos, exceto nas posições k e m.

$$e_{km} = [\quad \cdots \quad \overset{k}{+1} \quad \cdots \quad \overset{m}{-1} \quad \cdots \quad]$$

O mesmo raciocínio pode ser utilizado para a análise de alterações duplas:

$$\Delta Y = M.\Delta y.M^T$$

$$\Delta y = \begin{bmatrix} \Delta y_{k_1 m_1} & \\ & \Delta y_{k_2 m_2} \end{bmatrix}$$

$$M = \left[e_{k_1 m_1}, e_{k_2 m_2} \right]$$

Generalizando, para um número total l de alterações múltiplas:

$$\Delta Y = M.\Delta y.M^T = \sum_{i=1}^{l} \Delta y_{k_i m_i} e_{k_i m_i} e_{k_i m_i}^T$$

4.3 ANÁLISE DE SENSIBILIDADE

O objetivo da análise de sensibilidade é determinar as variações de tensões em cada barra do sistema mediante a exclusão/adição de uma admitância no sistema.

Tem-se o seguinte sistema linear possível de ser estabelecido para a análise de redes, considerando o sobrescrito 0 como o valor antes da alteração ocorrer, em que I é o vetor coluna de correntes fasoriais em todas as barras do sistema e E^0 é o vetor coluna de tensões fasoriais antes de a alteração ocorrer no sistema. Chamaremos tal situação de caso base.

$$I = Y^0 E^0$$

Após a remoção/adição de admitância no ramo de um sistema ocorrer, pode-se estabelecer a seguinte relação, analogamente:

$$I = Y E$$

Sabendo-se que:

$$Y = Y^0 + \Delta Y = Y^O + M \Delta y M^T$$

$$E = E^0 + \Delta E$$

Deduz-se:

$$Y^0 \Delta E + \Delta Y E^0 + \Delta Y \Delta E = 0$$

Desprezando o termo de segunda ordem $\Delta Y \Delta E$, obtém-se a seguinte relação, a qual permite analisar a variação nas tensões fasoriais ΔE conhecendo a matriz de admitância nodal antes da alteração, o valor da admitância a ser removida/adicionada e o vetor coluna contendo as tensões antes de a alteração ocorrer:

$$Y^0 \Delta E = -\Delta Y E^0$$

$$\Delta E = -\left[Y^0\right]^{-1} \Delta Y\, E^0$$

Embora essa solução permita calcular as variações de tensões fasoriais em cada barra do sistema sem a necessidade de resolver o fluxo de potência novamente por meio de métodos iterativos, ela é válida apenas para pequenos valores de admitâncias removidas ou adicionadas ao sistema.

Essa solução é considerada a solução para o caso não compensado, uma vez que desconsidera o termo de segunda ordem, o qual afeta os resultados e conduz a estimativas mais satisfatórias.

4.4 TEOREMA DA COMPENSAÇÃO

Considere uma alteração simples no sistema. É possível expressar a sensibilidade de tensão como, utilizando o lema da matriz inversa, em que $Z^0 = \left[Y^0\right]^{-1}$:

$$\Delta E = -\Delta y_{km} Z^0 e_{km} e_{km}^T \left(E^0 + \Delta E\right)$$

Fazendo-se:

$$e_{km}^t \left(E^0 + \Delta E\right) = E_{km}^0 + \Delta E_{km}$$

em que:

$$E_{km}^0 = E_k^0 - E_m^0$$

$$\Delta E_{km} = \Delta E_k - \Delta E_m$$

Tem-se, portanto:

$$\Delta E = -\Delta y_{km} \left(E_{km}^0 + \Delta E_{km}\right) Z^0 e_{km}$$

Multiplicando ambos os lados da igualdade por e_{km}^T:

$$e_{km}^T \Delta E = \Delta E_{km} = -\Delta y_{km} \left(E_{km}^0 + \Delta E_{km}\right) e_{km}^T Z^0 e_{km}$$

Simplificando:

$$\Delta E_{km} = \frac{-\Delta y_{km} E_{km}^0}{\Delta y_{km} + y_{km}^{eq}}$$

em que a impedância vista entre as duas barras (a qual é facilmente obtida por meio da matriz de impedância nodal do sistema) será:

$$\left(y_{km}^{eq}\right)^{-1} = z_{km}^{eq} = e_{km}^T Z^0 e_{km} = Z_{kk}^0 + Z_{mm}^0 - 2Z_{km}^0$$

As manipulações algébricas levam ao seguinte resultado para analisar a retirada de uma admitância longitudinal do sistema:

$$\Delta E = \frac{\Delta y_{km} E_{km}^0}{1 - \dfrac{\Delta y_{km}}{y_{km}^{eq}}} w_{km}$$

a qual também pode ser escrita da seguinte forma:

$$\Delta E = \frac{\Delta y_{km} E_{km}^0}{1 - \Delta y_{km} z_{km}^{eq}} w_{km}$$

em que:

$$w_{km} = Z^0 e_{km}$$

Se a matriz de impedância Z^0 for conhecida, então:

$$w_{km} = Z_k^0 - Z_m^0$$

$$z_{km}^{eq} = \left(y_{km}^{eq}\right)^{-1} = w_{km}^k - w_{km}^m$$

em que Z_k^0 e Z_m^0 são as colunas da matriz de impedância nodal referentes às barras k e m. Analogamente, w_{km}^k e w_{km}^m são os elementos referentes às barras do vetor w_{km}.

O resultado para analisar a adição de uma admitância longitudinal do sistema será:

$$\Delta E = \frac{-\Delta y_{km} E_{km}^{0}}{1 + \frac{\Delta y_{km}}{y_{km}^{eq}}} w_{km}$$

A expressão geral de sensibilidade consiste em não desprezar o termo de segunda ordem. Diz-se neste caso que a equação de sensibilidade fornece o resultado para o caso pós-compensação. Esse nome se deve ao teorema da compensação, propriedade física dos sistemas elétricos de potência (SEP) que consiste em afirmar que a retirada/inserção de uma admitância no circuito elétrico pode ser compensada por fontes de corrente de magnitude apropriadas entre os terminais do ramo de onde a admitância foi retirada. A demonstração deste teorema culmina justamente nas equações apresentadas nesta seção.

Em outras palavras, a alteração de uma admitância da rede pode ser compensada por uma fonte de corrente. Considere o estado inicial, em que $I = Y^0 E^0$, e o estado final, em que $I = Y\ E$:

O estado com alteração pode ser expresso por $I = \left(Y^0 + \Delta Y\right) E$.

A situação compensada por se descrita como $I + I^{comp} = Y^0 E$.

I^{comp} é composta por zeros exceto nos elementos k e m. Esses valem respectivamente $-\Delta y_{km} E_{km}$ e $+\Delta y_{km} E_{km}$.

A partir deste teorema, é possível determinar a corrente de compensação:

$$I^{comp} = \frac{-\Delta y_{km} E_{km}^{0}}{-1 + \Delta y_{km} z_{km}^{eq}} M$$

4.5 SELEÇÃO DE CONTINGÊNCIAS

Em um centro de controle, é necessário avaliar o estado operativo da rede de interesse, assumindo a ocorrência de contingências. Apesar de a análise de sensibilidade com pós-compensação ser bastante útil, o ideal é executar sucessivos fluxos de potência a fim de avaliar o impacto de cada contingência ou conjunto de contingências múltiplas nas variáveis elétricas do sistema. Desta forma, é comum estabelecer fatores de seleção para determinar quais as contingências mais críticas para o sistema.

É comum a execução de sucessivos fluxos de potência, efetuados de maneira *offline*, a partir de um caso base. Desta forma, pode-se avaliar a variação da magnitude da tensão em todos os barramentos do sistema ou a variação nos fluxos ativos passantes em linhas de transmissão.

Para calcular o fator de seleção de contingência considerando desvio de tensão, utiliza-se a seguinte expressão, em que V_k^0 indica a tensão em uma barra antes de a contingência ocorrer e V_k a tensão pós-contingência. Desta forma, é possível estabelecer um valor percentual de variação nas tensões supondo, por exemplo, a perda de uma linha de transmissão.

$$f_{rank}^{tensão} = \frac{\Delta V_k}{V_k^0} = \frac{V_k - V_K^0}{V_k^0}$$

Note que este índice pode ser utilizado na análise de contingências assumindo que o grau de severidade de uma contingência simples, por exemplo, será ranqueado em seu grau de severidade mediante maior impacto nas tensões do sistema, as quais geralmente devem ser menores que 5%. Em caso de variações provocadas nos sistemas mais expressivas que essas, deve-se colocar a análise da perda deste elemento como prioritário durante a operação da rede em tempo real, visto que sua perda causa uma reação na rede de interesse que compromete a sua operação estável e segura.

De maneira análoga, é possível estabelecer o fator de seleção de grau de severidade de uma contingência, como a variação percentual do fluxo passante pelas linhas restantes do sistema. É sabido que, em caso de contingência em uma linha, as demais ficarão sobrecarregadas, podendo exceder seus limites de capacidade de transporte. Tal fato pode ser averiguado percentualmente pela expressão a seguir, em que P_{km} e P_{km}^0 são os fluxos passantes em um ramo *km* depois e antes da ocorrência da contingência. O módulo deve ser usado na expressão uma vez que, devido a contingências, a direção do fluxo pode ser alterada durante a operação da rede.

$$f_{rank}^{fluxo} = \frac{\Delta P_{km}}{P_{km}^0} = \frac{| P_{km} - P_{km}^0 |}{P_{km}^0}$$

4.6 SAFETY-CONSTRAINED OPTIMAL POWER FLOW (SCOPF)

O fluxo de potência ótimo pode, ainda, ser utilizado na análise de contingências, estabelecendo critérios para que o sistema opere dentro de limites aceitáveis mediante ocorrência de contingências que resultem da abertura de chaves e disjuntores, alterando significativamente a topologia da rede.

É comum formular o problema de FPO da seguinte forma, em que $f(x)$ é a função a ser minimizada durante o processo de solução, $g(x)$ estabelece os limites mínimos e máximos associados às variáveis de estado e às funcionais, $e(x)$ expressa as relações das equações do fluxo de potência e $s(x)$ estabelece critérios que determinam uma contingência no sistema, por exemplo, a abertura de disjuntores e/ou a alteração do valor de uma impedância removida do sistema.

$$\min f(x)$$

s.a.:

$$g(x) \leq 0$$

$$s(x) = 0$$

$$e(x) = 0$$

Esta formulação leva ao conhecido termo *safety-constrained optimal power flow* (SCOPF), o qual permite analisar o FPO junto à análise de contingências pré-selecionadas a partir de uma lista, de acordo com seu grau de severidade.

4.7 ASPECTOS COMPUTACIONAIS

```
%% FLUXO DE POTÊNCIA MONOFÁSICO ATRAVÉS DO MÉTODO DE INJEÇÃO
DE POTÊNCIAS TRADICIONAL CONSIDERANDO ADIÇÃO DE UMA LINHA 3-4

clc       % limpa a tela do workspace
close all % fecha qualquer figura previamente apresentada
clear all % limpa todas as variáveis do problema


DBAR = [    1    1    1.0     0    0     0    0     0
            2    3    1.0     0    0     0    20    10
            3    3    1.0     0    0     0    40    10
            4    2    0.98    0    90    0    40    20
            ];

% ADIÇÃO DE NOVA LINHA ENTRE A BARRA 3 E 4
DLIN =  [   1       2       0.20       0.10       0.00000     1
            2       3       0.20       0.10       0.00000     1
            2       4       0.10       0.05       0.00000     1
            3       4       0.02       0.30       0.00000     1
            ];


%% Etapa 1) Leitura dos dados de ramos:

DE = DLIN(:,1);          % barra DE
PARA = DLIN(:,2);          % barra PARA
NB = max(max(DE),max(PARA));      % número de barras
NL = length(DE);              % número de ramos
```

```
r = DLIN(:,3);          % resistência
x = DLIN(:,4);          % reatância
b = DLIN(:,5);          % admitância shunt
a = DLIN(:,6);          % valor de tap
z = r + i*x;                % Impedâncias dos trechos
y = 1./z;                   % Admitâncias dos trechos
b = i*b;                    % Compatibilizando b imaginário


%% Etapa 2) Formação da matriz de admitância nodal

Y = zeros(NB,NB);

 % Elementos fora da diagonal
 for k = 1:NL
     Y(DE(k),PARA(k)) = Y(DE(k),PARA(k)) - y(k)/a(k);
     Y(PARA(k),DE(k)) = Y(DE(k),PARA(k));
 end

 % Elementos da diagonal
 for m = 1:NB
     for n = 1:NL
         if DE(n) == m
             Y(m,m) = Y(m,m) + y(n)/(a(n)^2) + b(n);
         elseif PARA(n) == m
             Y(m,m) = Y(m,m) + y(n) + b(n);
         end
     end
 end

G = real(Y);                    % Matriz de Condutâncias
B = imag(Y);                    % Matriz de Susceptâncias

%% Leitura de dados de barra:
SBASE = 1e3;                     % Potência base
BARRA = DBAR(:,1);               % Número da barra
TIPO = DBAR(:,2);                % Tipo da barra: 1-Referência,
2-PV, 3-PQ.
V = DBAR(:,3);                   % Tensões especificadas
ANGULOS = DBAR(:,4);             % ângulos de fase
Pg = DBAR(:,5)/SBASE;            % Potência Ativa gerada
Qg = DBAR(:,6)/SBASE;            % Potência Reativa gerada
Pl = DBAR(:,7)/SBASE;            % Potência ativa demandada
Ql = DBAR(:,8)/SBASE;            % Potência reativa demandada
NBARRA = max(BARRA);             % Número total de barras
P = Pg - Pl;                     % Potência líquida ativa
Q = Qg - Ql;                     % Potência líquida reativa
Psp = P;                         % Potência ativa especificada
Qsp = Q;                         % Potência reativa especificada
```

```
pv = find(TIPO == 2 | TIPO == 1);        % Índice de barras PV
npv = length(pv);                         % Número de barras PV
pq = find(TIPO == 3);                    % Índice de barras PQ
npq = length(pq);                         % Número de barras PQ

%% Etapa 3) Processo iterativo de Newton-Raphson
Tol = 10;                  % variável de tolerância
Iter = 0;                  % variável contadora de iterações

while (Tol > 1e-6)   % início do processo iterativo
    P = zeros(NBARRA,1);
    Q = zeros(NBARRA,1);
    % Calcular P and Q funcionais
    for i = 1:NBARRA
        for k = 1:NBARRA
            P(i) = P(i) + V(i)* V(k)*(G(i,k)*cos(ANGULOS(i)-
ANGULOS(k)) + B(i,k)*sin(ANGULOS(i)-ANGULOS(k)));
            Q(i) = Q(i) + V(i)* V(k)*(G(i,k)*sin(ANGULOS(i)-
ANGULOS(k)) - B(i,k)*cos(ANGULOS(i)-ANGULOS(k)));
        end
    end

    % Calcular resíduos de potências
    dPa = Psp-P;
    dQa = Qsp-Q;

    k = 1;
    dQ = zeros(npq,1);
    for i = 1:NBARRA
        if TIPO(i) == 3
            dQ(k,1) = dQa(i);
            k = k+1;
        end
    end
    dP = dPa(2:NBARRA);
    M = [dP; dQ];          % Vetor de resíduos

    % Jacobiana: J1 - Derivadas parciais de P em relação a
ângulos
    J1 = zeros(NBARRA-1,NBARRA-1);
    for i = 1:(NBARRA-1)
        m = i+1;
        for k = 1:(NBARRA-1)
            n = k+1;
            if n == m
                for n = 1:NBARRA
```

```
                    J1(i,k) = J1(i,k) + V(m)* V(n)*(-
G(m,n)*sin(ANGULOS(m)-ANGULOS(n)) + B(m,n)*cos(ANGULOS(m)-
ANGULOS(n)));
                end
                J1(i,k) = J1(i,k) - V(m)^2*B(m,m);
            else
                J1(i,k) = V(m)* V(n)*(G(m,n)*sin(ANGULOS(m)-
ANGULOS(n)) - B(m,n)*cos(ANGULOS(m)-ANGULOS(n)));
            end
        end
    end

    % J2 - Derivadas parciais de P em relação a V
    J2 = zeros(NBARRA-1,npq);
    for i = 1:(NBARRA-1)
        m = i+1;
        for k = 1:npq
            n = pq(k);
            if n == m
                for n = 1:NBARRA
                    J2(i,k) = J2(i,k) +
V(n)*(G(m,n)*cos(ANGULOS(m)-ANGULOS(n)) +
B(m,n)*sin(ANGULOS(m)-ANGULOS(n)));
                end
                J2(i,k) = J2(i,k) + V(m)*G(m,m);
            else
                J2(i,k) = V(m)*(G(m,n)*cos(ANGULOS(m)-
ANGULOS(n)) + B(m,n)*sin(ANGULOS(m)-ANGULOS(n)));
            end
        end
    end

    % J3 - Derivadas parciais de Q em relação a ângulos
    J3 = zeros(npq,NBARRA-1);
    for i = 1:npq
        m = pq(i);
        for k = 1:(NBARRA-1)
            n = k+1;
            if n == m
                for n = 1:NBARRA
                    J3(i,k) = J3(i,k) + V(m)*
V(n)*(G(m,n)*cos(ANGULOS(m)-ANGULOS(n)) +
B(m,n)*sin(ANGULOS(m)-ANGULOS(n)));
                end
                J3(i,k) = J3(i,k) - V(m)^2*G(m,m);
            else
                J3(i,k) = V(m)* V(n)*(-G(m,n)*cos(ANGULOS(m)-
ANGULOS(n)) - B(m,n)*sin(ANGULOS(m)-ANGULOS(n)));
```

```
            end
        end
    end

    % J4 - Derivadas parciais de Q em relação a V
    J4 = zeros(npq,npq);
    for i = 1:npq
        m = pq(i);
        for k = 1:npq
            n = pq(k);
            if n == m
                for n = 1:NBARRA
                    J4(i,k) = J4(i,k) +
V(n)*(G(m,n)*sin(ANGULOS(m)-ANGULOS(n)) -
B(m,n)*cos(ANGULOS(m)-ANGULOS(n)));
                end
                J4(i,k) = J4(i,k) - V(m)*B(m,m);
            else
                J4(i,k) = V(m)*(G(m,n)*sin(ANGULOS(m)-
ANGULOS(n)) - B(m,n)*cos(ANGULOS(m)-ANGULOS(n)));
            end
        end
    end

    J = [J1 J2; J3 J4];           % Matriz Jacobiana

    X = inv(J)*M;                    % Definição do vetor X de
resíduos de V e angulos
    dTh = X(1:NBARRA-1);           % Resíduos de angulos
    dV = X(NBARRA:end);            % Resíduos de tensões V

    % Atualização do vetor solução:
    ANGULOS(2:NBARRA) = dTh + ANGULOS(2:NBARRA);
    k = 1;
    for i = 2:NBARRA
        if TIPO(i) == 3
            V(i) = dV(k) + V(i);
            k = k+1;
        end
    end
    Iter = Iter + 1;             % próxima iteração
    Tol = max(abs(M));           % cálculo de tolerância
end


% Final do processo iterativo
```

```
Vm = V.*(cos(ANGULOS)+j*sin(ANGULOS));          % Obtenção dos
valores de tensão complexos
ANGULOS = 180/pi*ANGULOS;                       % Ângulos em graus

 %alteração de redes

 %% ESTADOS OBTIDOS CONSIDERANDO CONTINGÊNCIA DA LINHA 3-4:

k=3;    % barra DE
m=4;    % barra PARA

Zbuz=inv(Y);                      % Matriz de impedâncias da rede
Dy=-Y(k,m);                       % Dykm
Ekm=Vm(k)-Vm(m);                  % Ekm
wkm=Zbuz(:,k)-Zbuz(:,m);          % wkm
zeq=wkm(k)-wkm(m);                % impedância equivalente
De=(Dy*Ekm)/(1-(Dy)*zeq);         % variação de tensão
DE=De*wkm;                        % variação de tensão corrigida
Vest=abs(Vm+DE);                  % valor de tensões estimadas pós
contingência
Theta_est=angle(Vm+DE);           % valor de ângulos estimados pós
contingência
[V Vest]                          % tensão antes e pós
contingência
```

4.8 EXERCÍCIOS PROPOSTOS

1. **Compare o valor das tensões estimadas pós-contingências obtidas pela implementação do código deste capítulo com os valores das tensões obtidas para o sistema tutorial de quatro barras no Capítulo 1. Discuta se a aproximação é boa ou ruim.**

2. **Qual é o objetivo principal da análise de contingências?**

3. **O que afirma o teorema da compensação?**

4. **Por que é necessário selecionar as contingências mais severas do sistema em um centro de controle?**

5. **Implemente o código a seguir para o sistema de 14 barras e considere uma contingência da linha da barra 13 para a barra 14. Verifique se a aproximação pela análise de sensibilidade é válida.**

```
k=13; % barra DE
m=14; % barra PARA

Dy=-Y(k,m); % Dykm
Ekm=Vm(k)-Vm(m); % Ekm
wkm=Zbuz(:,k)-Zbuz(:,m); % wkm
zeq=wkm(k)-wkm(m); % impedância equivalente
De=(Dy*Ekm)/(1-(Dy)*zeq); % variação de tensão
DE=De*wkm; % variação de tensão corrigida
Vest=abs(Vm+DE); % valor de tensões estimadas pós
contingência
Theta_est=angle(Vm+DE); % valor de ângulos estimados pós
contingência
```

CAPÍTULO 5

Equivalentes externos

5.1 CONSIDERAÇÕES INICIAIS

Representar porções dos sistemas elétricos e estabelecer equivalentes é essencial. Nem sempre o operador consegue representar todas as barras de uma rede, seja por não haver necessidade, seja por falta de informações acerca do estado operativo de partes externas ao sistema de interesse.

Imagine que um analista do Sistema Interligado Nacional (SIN) deseje somente avaliar o estado operativo do sistema equivalente da região Sudeste do país. Ele precisará representar todas as impedâncias, cargas e geração da rede interna pertencente a este sistema, além de representar o equivalente externo de todo o restante do sistema que irá impactar a análise da porção de interesse (a rede interna observável).

Ainda, as linhas de transmissão que conectam a rede interna e a rede externa compõem uma porção denominada fronteira. Por meio da fronteira, o equivalente externo deverá ser representado a fim de modelar sua influência na rede interna. Tal modelo está esquematizado na Figura 5.1:

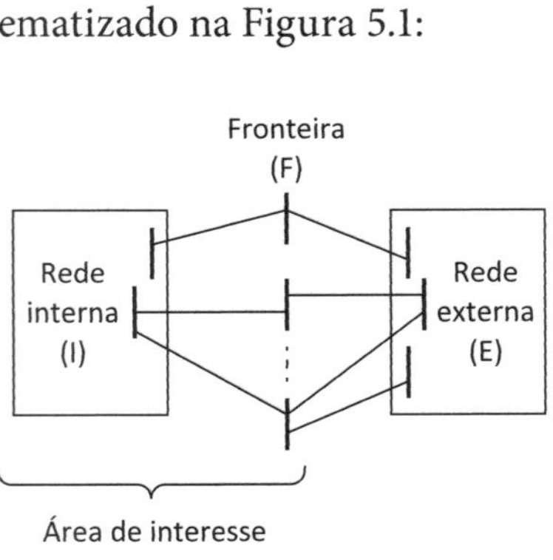

Figura 5.1 Representação do sistema total.

A área de interesse é composta pela rede interna em conjunto com a fronteira. Se n_{bf} é o número de barras da fronteira, o número total de ramos da rede equivalente será:

$$n_{ramos}^{eq} = \frac{n_{bf}\left(n_{bf}+1\right)}{2}$$

A característica principal de um equivalente é a capacidade de reproduzir a influência da rede externa na estimação de estados operativos da rede interna, como eventos contingenciais.

5.2 EQUIVALENTE WARD LINEAR

Seja a rede completa, em que I e E são os vetores colunas contendo todas as correntes e tensões fasoriais de todas a barras do sistema, da primeira até a última. A matriz de admitância nodal é denotada por Y:

$$I = YE$$

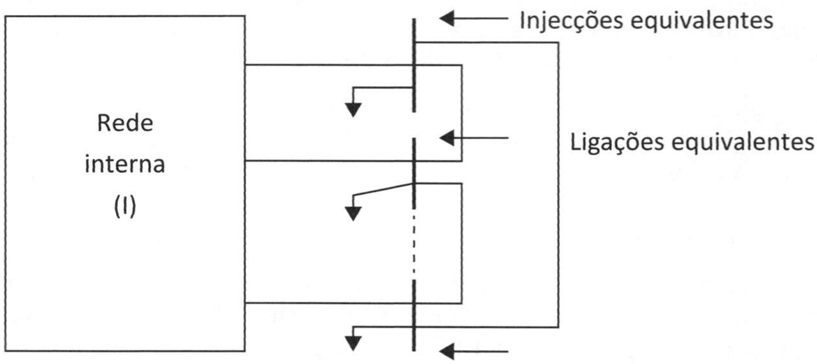

Figura 5.2 Equivalente externo.

Com base na Figura 5.2, podem-se separar as matrizes das redes interna (I), externa (E) e de fronteira (F), da seguinte forma, sendo o objetivo calcular as correntes injetadas em cada barra e as ligações que formam o equivalente da rede.

$$\begin{bmatrix} Y_{EE} & Y_{EF} & 0 \\ Y_{FE} & Y_{FF} & Y_{FI} \\ 0 & Y_{IF} & Y_{II} \end{bmatrix} \begin{bmatrix} E_E \\ E_F \\ E_I \end{bmatrix} = \begin{bmatrix} I_E \\ I_F \\ I_I \end{bmatrix}$$

em que os vetores e matrizes são separados em função da sua localização na rede interna, externa e de fronteira. As simplificações podem ser realizadas a partir de manipulações algébricas matriciais:

$$E_E = Y_{EE}^{-1}\left(I_E - Y_{EF}E_F\right)$$

O equivalente externo será obtido mediante o seguinte sistema linear, em que se deseja calcular os parâmetros da rede interna e os de fronteira equivalidos a partir da rede externa:

$$\begin{bmatrix} Y_{FF}^{eq} & Y_{FI} \\ Y_{IF} & Y_{II} \end{bmatrix}\begin{bmatrix} E_F \\ E_E \end{bmatrix} = \begin{bmatrix} I_F^{eq} \\ I_I \end{bmatrix}$$

Percebe-se que podem ser deduzidas as seguintes equações a partir da solução matricial, fornecendo as matrizes de admitância contendo as ligações equivalentes e, adicionalmente, as correntes equivalentes injetadas no modelo equivalente, respectivamente:

$$Y_{FF}^{eq} = Y_{FF} - Y_{FE}.Y_{EE}^{-1}Y_{EF}$$

$$I_F^{eq} = I_F - Y_{FE}Y_{EE}^{-1}I_E$$

as quais podem ser resolvidas conjuntamente até que se chegue à solução:

$$I_F^{eq} = Y_{FF}^{eq}E_F + Y_{FI}E_I$$

Este equivalente é denominado Ward linear, devido às equações que pressupõem uma relação linear entre tensões e correntes fasoriais.

5.3 EQUIVALENTE WARD NÃO LINEAR

A maioria dos estudos que são realizados na área de interesse em uma rede envolvem modelos com características não lineares. Nesses modelos, em vez de se utilizar injeções de corrente para representar as cargas e gerações, são utilizadas injeções de potências ativa e reativa. Para o equivalente Ward não linear, o modelo é exato para o caso base. Porém, se ocorrer uma alteração de rede (contingência, por exemplo), o modelo fornecerá somente resultados aproximados.

Para se obter o equivalente Ward não linear, são necessárias duas etapas. Primeiramente, obtém-se a rede passiva a ser conectada às barras de fronteira, como realizado anteriormente para o caso linear. Posteriormente, são determinadas as injeções de potência ativa e reativa equivalentes, a serem injetadas nas barras de fronteira.

As injeções das barras de fronteira são determinadas de tal forma que as magnitudes ângulos de tensão nas barras da área de interesse mantenham-se as mesmas para as redes completa e reduzida, em relação ao caso base (indicado com o sobrescrito *0*). Para isto, são usadas as seguintes equações algébricas no cálculo das potências equivalentes:

$$P_k^{eq} = V_k^0 \sum_{m \in \eta_K} V_m^0 \left(G_{km}^{eq} \cos(\theta_{km}^0) + B_{km}^{eq} sen\left(\theta_{km}^0\right) \right)$$

$$Q_k^{eq} = V_k^0 \sum_{m \in \eta_K} V_m^0 \left(G_{km}^{eq} sen(\theta_{km}^0) - B_{km}^{eq} \cos\left(\theta_{km}^0\right) \right)$$

Note que G_{km}^{eq} e B_{km}^{eq} são elementos km da matriz de admitância nodal da rede reduzida, em que o equivalente externo é incorporado à rede de interesse. O conjunto η_K compreende as barras de fronteira e internas vizinhas à barra de fronteira k, incluindo a própria barra.

Uma forma alternativa de obter os valores das injeções é resolver um fluxo de potência para a rede reduzida, no qual todas as barras de fronteira são consideradas como referências, tendo os módulos e ângulos das tensões especificados nos valores do caso base. Uma vez determinados os valores de potências equivalentes, essas devem ser convertidas a seus tipos originais.

A existência de elementos *shunt* de valores expressivos nas barras de fronteira representa um problema, devido à distribuição das admitâncias *shunt* existentes na rede externa entre as barras de fronteira. Nesta situação, os valores de potências equivalentes podem ser elevados, influenciando negativamente a precisão do modelo equivalente. Evita-se tal problema desprezando-se todos os valores de admitância *shunt* da rede externa.

Um dos maiores problema associados a este modelo não linear é a não consideração da influência de barras PV existentes na rede externa, o que impacta significativamente os resultados obtidos de módulos de tensão e fluxos de potência reativa, levando a imprecisões significativas quando da ocorrência de contingências na rede externa.

5.4 EQUIVALENTE COM RETENÇÃO DE BARRAS PV

A fim de contornar as limitações do equivalente não linear original, propõe-se neste modelo que as barras PV não sejam eliminadas durante o processo de redução da matriz de admitância nodal. Escolhem-se apenas as barras PV que possam contribuir de maneira expressiva por reações da rede externa diante de perturbações na rede de interesse.

Primeiramente, escolhem-se as barras PV externas, as quais serão retidas, e procede-se com a redução do sistema. No cálculo do fluxo de potência, para calcular as potências injetadas equivalentes, considera-se a execução para as barras de fronteira e PV retidas. Os valores de magnitudes e ângulos de tensão para as barras de fronteira, bem como os valores de potência ativa e módulo de tensão nas barras PV retidas, são considerados iguais ao caso base para a rede completa. Se não houver medições e/ou informações precisas para as barras PV da rede externa, faz-se uma estipulação de seus valores. Desta forma, calculam-se as potências equivalentes sabendo-se inclusive os valores de ângulos calculados para as barras PV retidas.

5.5 EQUIVALENTE ESTENDIDO

Por não se valer de informações acerca de barras PV da rede externa, na prática, este modelo não é utilizado, apesar de sua precisão ser superior à do método Ward não linear original. Uma forma alternativa de lidar com o problema é a criação do modelo Ward estendido, no qual as reações das barras PV são representadas por dispositivos de ajuste das injeções de potência reativa nas barras de fronteira, emulando o comportamento das barras PV da rede externa.

Após ter sido determinado o equivalente não linear, cria-se um número de barras PV fictícias igual ao número de barras de fronteira, todas conectadas entre si por um ramo série fictício de condutância nula e susceptância a ser calculada. Cada barra PV fictícia tem a potência ativa especificada e módulo de tensão igual ao da barra de fronteira a ela conectada, referente ao caso base.

A Figura 5.3 representa o equivalente estendido.

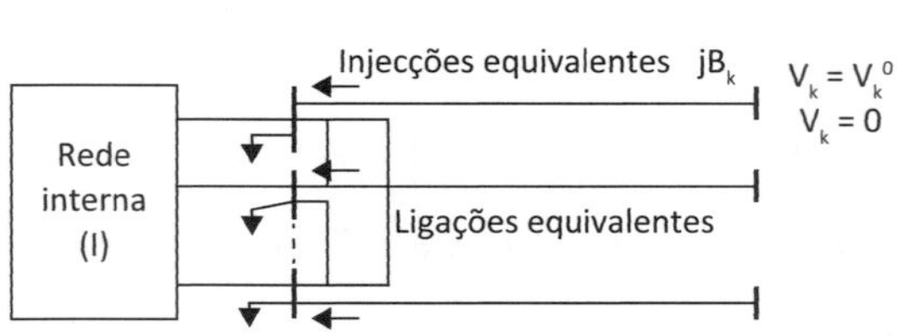

Figura 5.3 Ward estendido.

Os ramos fictícios passam a transportar potência reativa injetando-a ou retirando-a da rede interna, representando de forma aproximada o efeito das barras PV externas retidas. Essas injeções reativas são calculadas por meio do equacionamento, em que V_k é a tensão da barreira de fronteira, em módulo; B_k é a susceptância do ramo fictício *k*-*k*'; e ΔV_k representa a variação de tensão na barra de fronteira, em relação ao caso base.

$$\Delta Q_k = V_k B_k \Delta V_k$$

Para a determinação das susceptâncias, considera-se a equação do método desacoplado rápido:

$$\frac{\Delta \mathbf{Q}}{\mathbf{V}} = \mathbf{B}'' \Delta \mathbf{V}$$

em que a matriz de susceptância equivalente é obtida mediante o equivalente linear, considerando apenas a parte imaginária da matriz de admitância nodal.

$$\begin{bmatrix} \mathbf{B}''_{\mathbf{EE}} & \mathbf{B}''_{\mathbf{EF}} \\ \mathbf{B}''_{\mathbf{FE}} & \mathbf{B}''_{\mathbf{FF}} \end{bmatrix} \Rightarrow \begin{bmatrix} \mathbf{B}''_{\mathbf{EF}} & \mathbf{B}''_{1} \\ 0 & \mathbf{B}''_{\mathbf{red}} \end{bmatrix}$$

Assim, é possível calcular as potências reativas, incorporando-as como perturbações na rede interna:

$$\frac{\Delta \mathbf{Q}^{\mathbf{red}}}{\mathbf{V}} = \mathbf{B}''_{\mathbf{red}} \Delta \mathbf{V}$$

5.6 EXERCÍCIOS PROPOSTOS

1. **Qual é o propósito de separar as redes internas, externas e de fronteira em um sistema elétrico de potência?**
2. **Qual é a importância dos equivalentes externos para a análise de redes elétricas em um centro de controle?**
3. **Qual é a diferença entre os métodos Ward linear e não linear?**
4. **Explique o motivo de o equivalente Ward não linear não ser utilizado com frequência.**
5. **Considere o sistema de 14 barras. Suponha que seja do interesse do operador equivalentar o sistema, considerando a barra 14 como externa à rede de interesse. Quais procedimentos deveriam ser adotados para o encontro do equivalente linear? E do não linear? Descreva matematicamente.**
6. **Implemente um código simples que traduza computacionalmente os cálculos iniciados no exercício 5.**

CAPÍTULO 6
Fluxo de potência intervalar

6.1 CONSIDERAÇÕES INICIAIS

O fluxo de potência tradicional considera que a condição de carga é estabelecida a partir de um ponto de operação definido mediante valores de potências ativas e reativas especificadas fixas (RODRIGUES JR.; MELO; NEPOMUCENO, 2022). Entretanto, durante a operação de sistemas de potência, essas informações sempre contêm incertezas devido a uma série de problemas, como os destacados a seguir:

- Imprecisão dos medidores: considerando que os medidores instalados em campo contêm erros aleatórios, estes podem afetar diretamente a estimativa dos valores de carga e geração em uma barra do sistema. Entretanto, quando são utilizados medidores com alta acurácia, as incertezas tendem a diminuir. Nestes casos, é razoável incorporar incertezas de até 5% em um fluxo de potência.
- Erros de estimação: devido a problemas intrínsecos às metodologias de estimação de estados e à imprecisão de dados acerca da rede externa à rede observável de interesse, verifica-se uma alta imprecisão relacionada aos valores de potências estimadas quando se consideram a influência e a reação da rede externa no sistema em observação. Com isso, as incertezas acerca dos dados de carga podem ser bastante expressivas.
- Erros de parâmetros: em geral, as impedâncias variam ao longo do dia, não sendo possível determinar uma matriz de admitância nodal única e fixa por todo o tempo. Tais valores de impedância, sejam eles de linhas, sejam eles de cargas, podem interferir na resposta do fluxo de potência, sendo necessário incorporar a esses valores incertezas para averiguar o impacto no cálculo de tensões (magnitudes e ângulos) do sistema.

- Introdução de fontes com alta variabilidade: para as análises do fluxo de potência, avaliações são conduzidas considerando sistemas ergóticos, em regime permanente. Entretanto, com a inserção de geração eólica e solar, com alta variabilidade de produção de energia devido a fatores como velocidade dos ventos e irradiação solar, há uma incerteza expressiva nos valores instantâneos líquidos de potências em cada barra do sistema, e são necessários estudos que considerem tal complexidade aliada à aleatoriedade desse tipo de geração.
- Recursos energéticos distribuídos: a introdução de recursos energéticos distribuídos (RED) nos sistemas afeta a aleatoriedade da carga e da geração, permitindo maior flexibilidade às redes elétricas. Entretanto, devido à introdução de novas cargas com características não lineares, penetração de fontes de alta variabilidade, veículos elétricos com tecnologia V2G (*vehicle-to-grid*), sistemas de armazenamento de energia, há a necessidade de avaliar a rede e sua operação, assumindo incertezas nos valores de potências geradas e demandadas.
- Carência de medição em tempo real em sistemas de média e baixa tensão: devido a características peculiares do sistema de distribuição, como topologia radial e desequilíbrios expressivos, sua operação necessita de monitoramento em tempo real, fato que nem sempre é verificado para todas as concessionárias. Mesmo as que monitoram seus sistemas com medidores inteligentes percebem imprecisões nos dados coletados em intervalos regulares bastante espaçados, e a informação acerca da carga está associada a uma alta variabilidade.

Nesse cenário complexo, constata-se a necessidade de monitorar sistemas elétricos de potência considerando imprecisão nos dados para a execução do fluxo de potência. Pode-se realizar tais inferências por diferentes metodologias, dentre as quais se destacam fluxo de potência probabilístico, fluxo de potência intervalar utilizando conceitos da matemática intervalar, fluxo de potência intervalar utilizando conceitos da matemática affine e abordagens utilizando séries de Taylor expandidas até o termo de segunda ordem. Essas abordagens serão descritas neste capítulo.

6.2 FLUXO DE POTÊNCIA PROBABILÍSTICO

Nesta abordagem, as potências geradas e demandadas são consideradas valores randômicos, os quais são estipulados a partir de uma função de densidade de probabilidade. Pode-se adotar a função de densidade de probabilidade uniforme quando não se dispõe de informação sobre a estocasticidade dos valores de potência, e pode-se atribuir uma distribuição gaussiana a partir de um valor médio e desvio padrão, a qual representa bem a aleatoriedade de cargas dos sistemas elétricos de potência (SEP) e geração solar, ou a distribuição de Weibull, que representa bem a estocasticidade da velocidade dos ventos.

A mais utilizada na ampla maioria dos artigos é a distribuição uniforme, a qual é incorporada no fluxo de potência a partir das seguintes equações:

$$P_k^i = P_k\left(1 \pm \epsilon\right)$$

$$Q_k^i = Q_k\left(1 \pm \epsilon\right)$$

em que ϵ é um fator percentual de incerteza que permite que os valores escolhidos de forma aleatória sejam sorteados dentro de uma gama de possibilidades que define valores mínimos e máximos associados às potências nodais. Dessa forma, os valores intervalares de potências podem ser expressos por:

$$P_k^i = \left[P_k^{inf}, P_k^{sup}\right]$$

$$Q_k^i = \left[Q_k^{inf}, Q_k^{sup}\right]$$

em que os sobrescritos *inf* e *sup* denotam os valores mínimos e máximos intervalares entre os quais o valor de potência poderá ser sorteado (PRYCE, 2015).

Uma vez que são sorteados valores aleatórios de potências injetadas para cada barra do sistema, executa-se o fluxo de potência uma série de vezes, sendo que a cada simulação novos valores de potências serão sorteados. O intuito é averiguar o impacto das incertezas nos valores especificados nos valores de estados operativos calculados (magnitudes e ângulos de tensões).

A realização de uma grande quantidade de rodadas recebe o nome de simulações de Monte Carlo, que consistem em uma análise estatística realizada pressupondo aleatoriedade e estocasticidade de dados incertos. Esta forma é a mais habitual e simples de efetuar o cálculo do fluxo de potência probabilístico. Pode-se arbitrar um critério de parada para as simulações de Monte Carlo com o máximo número de simulações (geralmente superior a 10 mil) e/ou avaliar estatisticamente a variação de algum parâmetro do conjunto de dados obtidos pela resolução do fluxo de potência. Por exemplo, se a média dos intervalos de tensões não variar entre uma simulação e outra, estando abaixo de uma tolerância, pode-se considerar que o método convergiu (REVOL, 2017; MOORE; KEARFOTT; CLOUD, 2009). Como solução, obtêm-se os seguintes valores intervalares de módulo e ângulo de tensões em cada barra do sistema. É comum traçar histogramas e *boxplots* ao final das simulações, a fim de verificar a função de densidade de probabilidade associada à solução do fluxo de potência.

$$V_k^i = \left[V_k^{inf}, V_k^{sup}\right]$$

$$\theta_k^i = \left[\theta_k^{inf}, \theta_k^{sup} \right]$$

Apesar de o método de Monte Carlo ser o mais utilizado na prática para a execução do fluxo de potência probabilístico, ele está associado a um tempo computacional desvantajoso, uma vez que necessita de uma grande quantidade de simulações a fim de avaliar a estocasticidade dos dados incertos e seu impacto no cálculo das variáveis do estado operativo.

6.3 FLUXO DE POTÊNCIA INTERVALAR

Nesta abordagem, o mesmo objetivo é requerido: calcular as tensões intervalares supondo incertezas associadas aos valores de potências geradas e demandadas. Entretanto, em vez de executar uma série de fluxos de potência em série, o fluxo de potência intervalar (FPI) utiliza conceitos erigidos pela matemática intervalar.

6.4 DEFINIÇÕES PRELIMINARES

Define-se então um intervalo X como um conjunto fechado e limitado por números reais, sendo $\underline{x}$ e $\overline{x}$ os valores limites inferiores e superiores que o definem:

$$X = \left[\underline{x}, \overline{x} \right]$$

Esta forma de apresentar um número intervalar é estabelecida pela IEEE 1788-2015.

Um intervalo é denominado degenerado caso $\underline{x} = \overline{x}$, o que permite afirmar que um número real qualquer pode ser representado por um intervalo degenerado com limites inferior e superior iguais.

Uma definição importante, segundo Moore, Kearfott e Cloud (2009), bastante utilizada no conceito da matemática intervalar, é o ponto médio do intervalo, dado pela seguinte expressão:

$$m = \frac{\underline{x} + \overline{x}}{2}$$

O tamanho do intervalo é dado a partir do equacionamento a seguir:

$$w = \overline{x} - \underline{x}$$

Além disso, é importante notar que, se um número x pertence a um intervalo, isso significa que seu valor está entre os limites do intervalo. Vale a pena ressaltar que quanto menor é o intervalo, mais precisa é a solução representada por ele.

6.5 OPERAÇÕES ALGÉBRICAS E ARITMÉTICAS

Sejam dois intervalos *X* e *Y*. Para que os dois intervalos representem o mesmo número intervalar, devem obedecer às seguintes proposições:

$$\underline{x} = \underline{y}$$

$$\overline{x} = \overline{y}$$

A interseção entre dois intervalos é definida como o conjunto de números reais que pertence a ambos os intervalos. É definida por:

$$X \cap Y = \left[\max\left\{ \underline{x}, \underline{y} \right\}, \min\left\{ \overline{x}, \overline{y} \right\} \right]$$

Para a adição de dois intervalos, utiliza-se a seguinte expressão:

$$X + Y = \left[\underline{x} + \underline{y}, \overline{x} + \overline{y} \right]$$

Para a subtração:

$$X - Y = \left[\underline{x} - \overline{y}, \overline{x} - \underline{y} \right]$$

Caso *X=[-1,0]* e *Y=[1,2]*, então *X-Y=[-3,-1]*. Vale ressaltar que *X-Y* é equivalente à operação *X+(-Y)*.

Para a multiplicação:

$$X.Y = \left[\min\left\{ S \right\}, \max\left\{ S \right\} \right]$$

sendo $S = \left\{ \underline{x}.\underline{y}, \underline{x}.\overline{y}, \overline{x}.\underline{y}, \overline{x}.\overline{y} \right\}$.

Para a divisão:

$$\frac{X}{Y} = X.\left(\frac{1}{Y} \right)$$

em que:

$$\frac{1}{Y}=\left(\frac{1}{\overline{y}},\frac{1}{\underline{y}}\right)$$

Vale a pena ressaltar que, na aritmética intervalar, tanto a adição como a multiplicação possuem propriedades comutativas e associativas.

Para a aritmética intervalar, os elementos reais 0 e 1 são elementos neutros de adição e multiplicação, respectivamente.

Uma função *f* é definida para um número real *x*. A função intervalar *f(X)* apresenta uma faixa de valores tomados por *f(x)* segundo a variação de *x* em um intervalo *X*. Portanto, a imagem de uma função intervalar dada pelo conjunto representado por *X* é descrita pela equação:

$$f(X)=\{f(x):x\in X\}$$

Para uma função $f(x)=x^2$, pode-se escrever:

$$f(X)=\{x^2:x\in X\}$$

o que pode ser expresso por:

$$f(X)=\begin{cases}\left(\underline{x}^2,\overline{x}^2\right) para\, 0\le \underline{x}\\ \left(\overline{x}^2,\underline{x}^2\right) para\, 0\ge \overline{x}\\ (0,\max\left(\left(\underline{x}^2,\overline{x}^2\right)\right) para\, \underline{x}\le 0\le \overline{x}\end{cases}$$

Observe que o valor pode ser bem diferente de *X.X*, necessitando uma análise bastante atenta das relações envolvendo as operações intervalares.

6.6 FLUXO INTERVALAR USANDO O OPERADOR DE KRAWCZYK

Note que, para solucionar as equações algébricas do fluxo de potência tradicional, é comum haver inversão da matriz jacobiana contendo as derivadas parciais das variáveis especificadas em relação às variáveis que determinam o estado operativo da rede:

$$\begin{bmatrix}\Delta\mathbf{P}\\ \Delta\mathbf{Q}\end{bmatrix}=\begin{bmatrix}\mathbf{J}_{\mathbf{P}\theta} & \mathbf{J}_{\mathbf{PV}}\\ \mathbf{J}_{\mathbf{Q}\theta} & \mathbf{J}_{\mathbf{QV}}\end{bmatrix}\begin{bmatrix}\Delta\theta\\ \Delta\mathbf{V}\end{bmatrix}$$

$$\begin{bmatrix} \Delta\theta \\ \Delta V \end{bmatrix} = \begin{bmatrix} J_{P\theta} & J_{PV} \\ J_{Q\theta} & J_{QV} \end{bmatrix}^{-1} \begin{bmatrix} \Delta P \\ \Delta Q \end{bmatrix}$$

$$\Delta X = \left[J_{ac} \right]^{-1} \Delta Y$$

Em uma determinada iteração, tem-se os valores dos resíduos de magnitude e ângulo em cada barra, o qual poderá ser atualizado da seguinte forma iterativa:

$$V^{it+1} = V^{it} + \Delta V \ \textit{para as barras PQ}$$

$$\theta^{it+1} = \theta^{it} + \Delta\theta \ \textit{para as barras PV e barras PQ}$$

O cálculo pode ser feito para cada variável associado a cada barra de forma similar:

$$V_k^{it+1} = V_k^{it} + \Delta V_k$$

$$\theta_k^{it+1} = \theta_k^{it} + \Delta\theta_k$$

Note que a inversão da matriz jacobiana pode levar a uma imprecisão no cálculo envolvendo incertezas associadas às cargas do sistema. Tal fato pode levar à obtenção de resultados extremamente imprecisos, com faixas intervalares de tamanho bastante elevado.

Na prática, é necessário que a resposta intervalar obtida por um método alternativo englobe os valores inferiores e superiores obtidos pelo método Monte Carlo, ou seja, que o tamanho do intervalo seja levemente superior ao obtido via simulações de Monte Carlo, mas sem apresentar larguras muito exacerbadas, evitando a superestimação (RODRIGUES JR.; MELO; NEPOMUCENO, 2022).

Para evitar este fenômeno, ao inverter a matriz jacobiana, associado ao fluxo de potência, é comum a utilização do denominado operador de Krawczyk, o qual é aplicado iterativamente, de maneira similar ao método de Newton-Raphson. O operador K é dado pela equação:

$$K\left(x^h, X^h\right) = x^h - Cf\left(x^h\right) + \left[I - CJ\left(X^h\right)\right]\left(X^h - x^h\right)$$

em que X^h é o vetor contendo as variáveis (solução do problema) intervalares de interesse, x^h é o ponto médio de cada intervalo e $f\left(x^h\right)$ é a função não linear aplicada ao ponto médio do intervalo (representa as variáveis funcionais do fluxo de potência calculadas para o ponto médio); $J\left(X^h\right)$ é a matriz jacobiana calculada para os intervalos X^h; C é uma matriz de pré-condicionamento dada pela inversa do ponto médio de $J\left(X^h\right)$; e I é a matriz identidade.

O intervalo a ser considerado na próxima iteração é calculado pela interseção entre o intervalo de solução X^h e o operador K. Ambos são obtidos na iteração atual, como expresso na equação:

$$X^{h+1} = X^h \cap K\left(x^h, X^h\right)$$

Como o método é iterativo, necessita de valores de solução iniciais estipulados para que a solução seja obtida ao longo do processo iterativo. Desta forma, é comum estipular os valores intervalares associados a cada variável de estado por meio da relação a seguir, tendo um fluxo de potência calculado convergido previamente. Considerando as potências como intervalos e os valores da jacobiana convergida, pode-se estipular inicialmente os valores intervalares das variáveis de estado para inicialização do cálculo iterativo usando o método de Krawczyk.

$$\begin{bmatrix} \Delta\theta^i \\ \Delta V^i \end{bmatrix} = \begin{bmatrix} J_{P\theta} & J_{PV} \\ J_{Q\theta} & J_{QV} \end{bmatrix}^{-1} \begin{bmatrix} \Delta P^i \\ \Delta Q^i \end{bmatrix}$$

$$V_k^i = V_k\left(1 + \Delta V_k^i\right)$$

$$\theta_k^i = \theta_k\left(1 + \Delta\theta_k^i\right)$$

6.7 FLUXO DE POTÊNCIA INTERVALAR USANDO SÉRIES DE TAYLOR

Note que a desvantagem do método de Monte Carlo é seu tempo computacional alto. Em comparação com este, o método de Krawczyk resolve parcialmente o problema. Entretanto, para obtenção de intervalos de maneira direta, sem necessidade de cálculos iterativos, é comum expandir as séries de Taylor, uma vez que a expansão das equações do fluxo de potência permite obter sensibilidades que definem intervalos do estado operativo, supondo que haja dados incertos de potência (geração e carga) (LIAO, 2017).

De forma geral, durante a resolução do fluxo de potência, é necessário resolver o seguinte sistema matricial:

$$\Delta Y = \left[\mathbf{J} \right] \Delta X$$

Suponha que os valores de potências em cada barra sejam definidos como intervalos a partir de um parâmetro de incerteza ξ. Dessa forma, os intervalos serão:

$$P_k^i = \left[P_k \left(1 - \xi \right), P_k \left(1 + \xi \right) \right]$$

$$Q_k^i = \left[Q_k \left(1 - \xi \right), Q_k \left(1 + \xi \right) \right]$$

O intuito da análise é definir um vetor de solução $\hat{x}$ intervalar tal que:

$$\hat{x} = \left[x^{inf}, x^{sup} \right] = \left[x - \Delta x; x + \Delta x \right]$$

em que x é a solução determinística e Δx é a variação de tensão (raio intervalar de tensão) que definirá os valores inferiores e superiores do intervalo.

A primeira derivada da equação do sistema matricial em relação à incerteza será:

$$\frac{\partial \Delta x}{\partial \xi} = J^{-1} \frac{\partial \Delta y}{\partial \xi}$$

Como a matriz jacobiana é determinística, a equação pode ser reduzida a:

$$\frac{dx}{d\xi} = J^{-1} \frac{dy}{d\xi}$$

$$\delta x = J^{-1} . \delta y$$

A segunda derivada será:

$$\frac{d^2 x}{d\xi} = J^{-1} . \frac{d^2 y}{d\xi^2}$$

Com base na regra da cadeia, tem-se a seguinte equação, em que H é a matriz hessiana composta pelas derivadas de segunda ordem das potências ativas e reativas em relação às magnitudes e ângulos de tensões nas barras:

$$\frac{d^2y}{d\xi^2}=\left(\frac{dx}{d\xi}\right)^2.\frac{d^2y}{dx^2}.\frac{dx}{d\xi}=\delta x^T.H.\delta x$$

Com isso, pode-se presumir que:

$$\delta^2 x=J^{-1}\left(\delta x^T.H.\delta x\right)$$

Define-se então o valor de variação das tensões em cada barra do sistema:

$$\Delta x=\frac{dx}{d\xi}\Delta\xi+\frac{1}{2}\frac{d^2x}{d\xi^2}\Delta\xi^2$$

Com base nas equações desenvolvidas, o valor da variação pode ser diretamente obtido pela expressão:

$$\Delta x=\left(J^{-1}.\delta y\right)\xi+\frac{1}{2}\left(J^{-1}.dx^T.H.\delta x\right)\xi^2$$

Note que, neste caso, os valores obtidos são calculados de forma direta, sem a necessidade de cálculos iterativos, fato que auxilia muito no ganho computacional (LIAO, 2018).

A fim de validar as metodologias, é comum a adoção de índices de sensibilidade calculados pela equação, em que $m\left(x^i\right)$ é o ponto médio do intervalo.

$$S(\%)=\frac{x^{sup}-x^{inf}}{m\left(x^i\right)}100\%$$

Outra forma de avaliar os resultados é usando o índice de acomodação, que mensura o quanto os resultados de Monte Carlo estão representando ou sendo englobados pelos intervalos obtidos por outro método. Em geral, encontram-se respostas próximas de 70% nas mais variadas literaturas que apresentam métodos intervalares e os comparam com o Monte Carlo (RODRIGUES JR.; MELO; NEPOMUCENO, 2022).

$$A=\frac{w\left(x^i\right)^{montecarlo}}{w\left(x^i\right)^{outro}}100\%$$

6.8 ASPECTOS COMPUTACIONAIS

Para execução de um fluxo de potência probabilístico, considera-se o código principal (fluxo.m), retira-se o clc, clear all e close all de seu início e se faz a seguinte modificação, considerando um número randômico de distribuição uniforme multiplicado pela carga do sistema:

```
P = Pg - rand*Pl;                      % Potência líquida ativa
Q = Qg - rand*Ql;                      % Potência líquida reativa
```

Note que, fazendo somente isso, insere-se incerteza no código, e este passará a fornecer resultados de magnitudes e ângulos diferentes a cada vez que for executado.

Para inserir aleatoriedade definida entre um número e outro, deve-se utilizar a expressão a seguir, em que serão sorteados núxmeros entre 0,95 e 1,05. *N* valores serão impressos na tela entre esses limites, podendo ser multiplicados por cada valor de carga do sistema de *N* barras. Caso se deseje gerar valores aleatórios com distribuição gaussiana, sugere-se trocar a função *rand* por *randn*.

```
a = 0.95;
b = 1.05;
r = (b-a).*rand(N,1) + a;
```

Posteriormente, salva-se o código contendo as modificações como fluxo.m em um diretório exclusivo para ele. Cria-se, agora, um outro código principal, que vai chamar o fluxo de potência com incertezas, sendo esse o principal.m. Ele deve estar salvo no mesmo diretório que o fluxo.m:

```
clc close all clear all

for conta=1:100                        % executar o mesmo código
                                         100 vezes
    clearvars -except conta Vmc        % limpa as variáveis exceto
                                         nnn e Vmc
    fluxo;                             % executa o fluxo com
                                         incerteza
    Vmc(:,nnn)=V;                      % armazena os valores de
                                         tensão a cada rodada
    conta=conta+1;                     % atualiza a variável
                                         contadora conta
end

for k=1:length(V)
    Vinf(k)=min(Vmc(k,:));             % armazena os menores
                                         valores de cada barra
    Vmedio(k)=mean(Vmc(k,:));          % armazena os valores médios
                                         de cada barra
    Vsup(k)=max(Vmc(k,:));             % armazena os maiores
                                         valores de cada barra
end
```

```
clc
disp([Vinf' Vmedio' Vsup'])        % exibe os resultados
                                     intervalares por barra
histfit(Vmc(14,:))                 % plota o histograma das
                                     tensões na barra 14
figure
boxplot((Vmc(14,:)))               % plota o boxplot das
                                     tensões na barra 14
```

6.9 EXERCÍCIOS PROPOSTOS

1. **Por que é necessário utilizar o fluxo de potência probabilístico?**
2. **Explique as motivações para se considerar incertezas em sistemas elétricos de potência. De onde vêm essas incertezas?**
3. **Qual é a diferença do fluxo de potência probabilístico para o intervalar?**
4. **Como resultado do fluxo de potência intervalar, os limites de tensão inferiores e superiores devem ser maiores ou menores que os obtidos pela simulação de Monte Carlo?**
5. **Considere o código implementado neste capítulo com as incertezas nas gerações e nas cargas ao mesmo tempo. O valor do tamanho dos intervalos aumenta ou diminui?**
6. **Pesquise sobre a ferramenta *intlab* para uso no MATLAB a fim de fazer cálculos usando matemática intervalar. Verifique o custo da ferramenta, suas funcionalidades e limitações.**

CAPÍTULO 7
Segurança de tensão

7.1 CONSIDERAÇÕES INICIAIS

Dentre as principais ferramentas que permitem a análise de redes em um centro de controle, estão fluxo de potência, fluxo de potência ótimo, análise de contingências, equivalentes externos, avaliação probabilística e segurança de tensão. Esta última é também conhecida popularmente como estabilidade de tensão e, por meio de abordagens estáticas que consideram o sistema em regime permanente, é possível determinar características que permitem entender os fenômenos que levam um sistema a se tornar instável sob o ponto de vista operacional. Por essas avaliações, pode-se entender melhor os mecanismos que culminam nos denominados blecautes ou apagões.

Os estudos que permitem avaliar a estabilidade de tensão em sistemas elétricos de potência (SEP) são tradicionalmente desenvolvidos a partir de métodos clássicos, como método do fluxo de potência continuado, levantamento de curvas PV, curvas QV, análise modal e fluxo de potência ótimo com restrições de segurança.

Para entender bem os métodos de análises, é necessário definir alguns conceitos importantes. Primeiramente, nem todo blecaute é ocasionado por causa do fenômeno descrito neste capítulo, podendo ocorrer devido a diversos fatores, como indução de correntes geomagnéticas, ocasionados por explosões solares ou acontecimentos extemporâneos como guerras, que levam à perda do fornecimento de energia em partes de um país.

No caso priorizado neste capítulo, o fenômeno de estabilidade de tensão é estudado sob a ótica do aumento de carga em um sistema, culminando em uma redução do valor das magnitudes de tensão nas barras de um SEP progressivamente. Enquanto a carga do sistema aumenta, a tensão decai em consequência, até que atinja um limite crítico que pode ser avaliado matematicamente. Quando o sistema atinge esse valor crítico, fica definido o ponto crítico até o qual o sistema opera de maneira estável. Ao ultrapassar tal valor, diz-se que o sistema é instável, e qualquer incremento de carga pode culminar em uma redução progressiva do valor de tensão, até que o sistema inteiro tenha seu fornecimento de energia interrompido, caracterizando um apagão que pode ser parcial (ocorrer em apenas partes localizadas do sistema) ou total, levando, por vezes, um país inteiro ao colapso.

Um sistema é dito estável quando opera de maneira segura, em que, a partir de um caso base, para um aumento de carga, as magnitudes de tensão de um sistema decaem de um valor nominal até um valor aceitável mínimo, geralmente 0,95 pu.

A Figura 7.1 ilustra um representativo dos principais estados operativos em que um sistema pode operar:

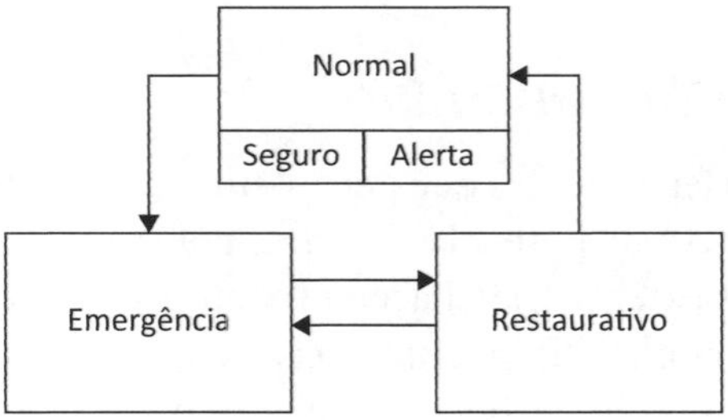

Figura 7.1 Estados operativos.

No caso de o SEP operar em condição normal, este pode estar em uma situação segura ou de alerta. Para a primeira opção, quando o sistema opera de forma segura, todas as restrições de carga são atendidas e todos os limites mínimos e máximos referentes às limitações físicas e operacionais são atendidos, como as tensões entre 0,95 e 1,05 pu e os fluxos passantes nas linhas estarem abaixo de suas capacidades máximas de transmissão. Além disso, caso ocorra uma contingência simples, o sistema ainda continuará respeitando todas essas restrições. Para o caso de alerta, o sistema opera de forma segura obedecendo todos os limites, entretanto, caso ocorra uma contingência simples, alguma restrição será violada, por exemplo, a tensão em alguma barra ficará abaixo de 0,95 pu.

Caso uma alteração na rede ocorra e o sistema viole limites relativos à carga ou aos limites operacionais e físicos de elementos do sistema, este estará no estado operativo de emergência. Neste caso, alguma atitude deve ser tomada para que o sistema volte a operar em condições seguras.

No estado restaurativo, limites e especificações já não estão sendo atendidos, e o operador precisa tomar atitudes severas, como corte de carga ou despachar unidades geradoras, para fazer o sistema voltar a operar em estado normal.

Perceba que as situações de operação são definidas mediante critérios de contingências e limites impostos, os quais podem ser modelados como restrições de desigualdade em um fluxo de potência ótimo. Eis um dos motivos que fazem o FPO ser uma das ferramentas mais úteis na avaliação da segurança de tensão.

A Figura 7.2 mostra um gráfico contendo valores de potência demandada (P) e os valores correspondentes de magnitude de tensão (V). Esta representação gráfica é chamada na literatura de curva PV. Pode-se notar que, a partir de um ponto estável na curva (ponto 1), à medida que a potência demandada aumenta, a tensão em uma determinada barra de carga do sistema tende a cair até atingir um ponto crítico (ponto 2). Para cargas modeladas como potências constantes, o ponto crítico é coincidente com o máximo carregamento do sistema. A distância entre o ponto operativo estável que respeita os limites de tensão impostos por normativas nacionais até o ponto crítico é denominada margem de segurança. Esta distância deve ser respeitada segundo os critérios descritos nos procedimentos usados pelo ONS, evitando chegar ao ponto crítico, mantendo a margem de segurança o mais ampla possível, e evitando situações que possam reduzir essa distância, a exemplo de contingências que enfraquecem o sistema e podem ocasionar blecautes.

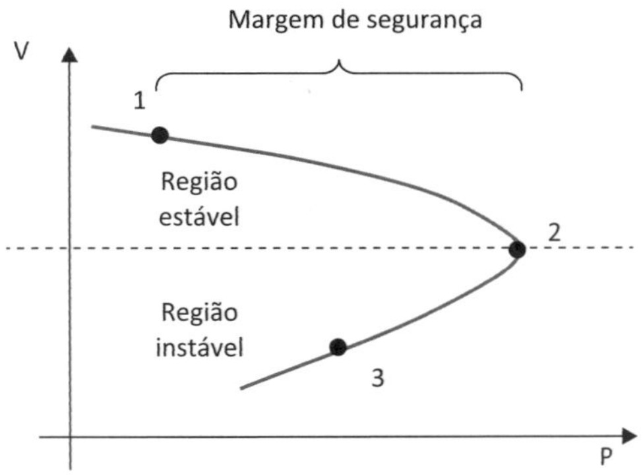

Figura 7.2 Curva PV.

Note que, para a operação estável, mediante um incremento de potência demandada, a tensão tende a reduzir sua magnitude. Entretanto, na parte instável, abaixo do ponto crítico, observe que esta tendência se inverte, o que caracteriza a região instável. No ponto instável (ponto 3), para qualquer incremento de potência demandada, a tensão tende a aumentar de magnitude. Percebe-se que a tangente nos pontos 1 e 3 terá sentidos opostos e, à medida que se aproxima do ponto crítico, a tangente aumenta de valor, tornando-se quase perpendicular ao eixo x neste caso. Tal característica pode ser explorada a fim de obter um método matemático que descreva a proximidade do ponto estável até o ponto crítico. Na região estável, para grandes variações de potência, a tensão tende a sofrer pequenas variações. Ao contrário, próximo ao ponto crítico, esta realidade se inverte.

Quando a carga de todas as barras é aumentada conjuntamente, mantendo-se o fator de potência em todas elas, pode-se traçar as curvas PV para todas as barras do sistema. Aquela barra que obtiver uma maior inclinação próximo ao ponto crítico será denominada barra crítica, pois sofrerá grandes variações de tensão mediante pequenas mudanças no valor da potência demandada.

Associando a análise da curva PV ao equacionamento matricial do fluxo de potência resolvido por Newton-Raphson, percebe-se que, para a região estável, há um forte acoplamento entre potência ativa e os ângulos de tensão; e um forte acoplamento entre potência reativa e as magnitudes de tensões. Portanto, o acoplamento entre potência ativa e as magnitudes de tensão é fraco, o que explica que grandes alterações na potência não resultem em grandes variações de tensão na curva PV. Entretanto, esse desacoplamento não é verificado próximo ao ponto crítico, fato que indica que os métodos desacoplados não devem ser usados para avaliar a estabilidade de tensão nem representam bem o acoplamento forte existente entre todas as variáveis de estado operativo nesta região.

Como as submatrizes do método de Newton-Raphson completo possuem sensibilidades fortes, nota-se que o determinante da matriz jacobiana tenderá a zero e esta se tornará mal condicionada, tornando-se singular no ponto crítico. Tal fato permite que seus autovalores e autovetores sejam explorados a fim de avaliar a proximidade ao ponto de máximo carregamento.

Ainda, na Figura 7.3, observa-se um representativo do que acontece quando há uma contingência do sistema. A margem de segurança é reduzida em relação ao caso base (em linha pontilhada), e o ponto crítico torna-se mais próximo do ponto estável na curva.

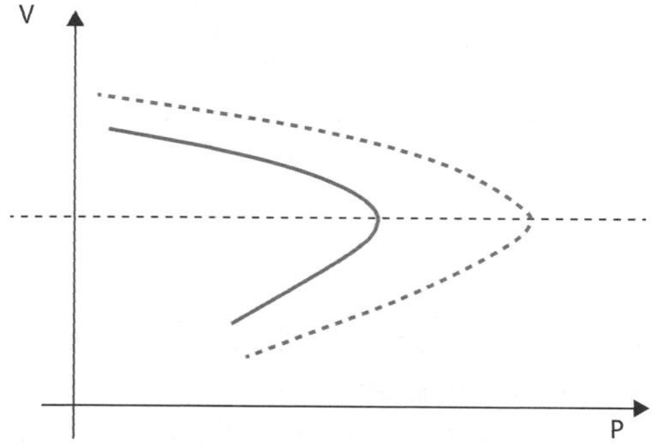

Figura 7.3 Curva PV com contingência.

Para analisar a estabilidade de tensão, além dessas abordagens conceituais, é necessário aprender a traçar a curva PV, a qual é obtida mediante sucessivos fluxos de potência, aumentando-se progressivamente seus valores de potência demandada. Entretanto, uma abordagem mais elegante permite levantar a curva PV por meio do método do fluxo de potência continuado (AJJARAPU; CHRISTY, 1992), o qual será detalhado na próxima seção.

7.2 FLUXO DE POTÊNCIA CONTINUADO

No ponto de máximo carregamento, é sabido que a matriz jacobiana se torna singular. Tal fato faz com que o sistema matricial se torne numericamente instável, sendo a matriz mal condicionada. Para contornar esse problema, Ajjarapu (AJJARAPU; JAIN, 1995) propôs o uso do método continuado aplicado às equações do fluxo de potência. Segundo essa metodologia, uma nova variável é introduzida nas equações do fluxo de potência, além das tensões (magnitude e ângulos). Essa nova variável é denominada fator de carregamento λ e assume o valor unitário para o carregamento nominal. Pode, ainda, aumentar de valor até chegar ao ponto de máximo carregamento, em que atingirá um valor crítico, λ_{crit}. Para a seguinte equação, F representa as equações de balanço das potências ativas e reativas:

$$F(V, \theta, \lambda) = 0$$

O método ainda considera duas etapas para sua execução. Primeiramente, efetua-se uma etapa de predição, mediante a utilização de um vetor tangente que tangencia a curva PV, prevendo novos valores de tensão estimados. Esta etapa é ilustrada na Figura 7.4, em que o ponto P_2 é predito a partir de P_1.

Posteriormente, uma etapa de correção é realizada utilizando as equações do fluxo de potência a fim de calcular com exatidão o ponto P_3, o qual pertence de fato ao conjunto de soluções compreendidas na curva PV. As etapas de previsão e correção são efetuadas alternadamente até que se alcance o valor do máximo carregamento.

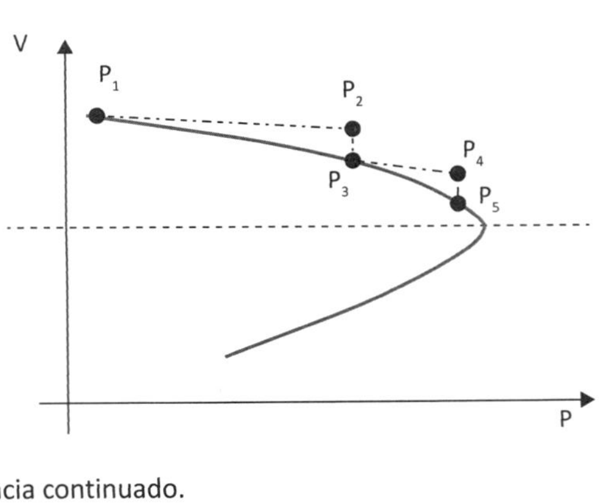

Figura 7.4 Fluxo de potência continuado.

Para as barras PV e PQ, são estabelecidas as seguintes relações, em que, para todas as barras de carga do sistema, suas potências demandadas são multiplicadas por um valor relacionado ao aumento de carga do sistema. Este fator pode ser multiplicado por todas as barras de carga ou apenas algumas pré-selecionadas caso o intuito do estudo seja avaliar apenas uma região ou porção do sistema:

$$\lambda P_k^{esp} - P_k\left(V,\theta\right) = 0$$

Para as barras PQ, tem-se a seguinte relação, formulada de maneira similar:

$$\lambda Q_k^{esp} - Q_k\left(V,\theta\right) = 0$$

Nota-se que, a partir da introdução da nova variável, as equações do fluxo de potência estarão expandidas, sendo possível calcular a relação entre cada variável funcional e suas derivadas parciais. Note que F_θ, F_V, F_λ são derivadas das parcelas de potências ativas e reativas em relação às variáveis de estado $\left(V,\, \theta,\, \lambda\right)$.

$$F_\theta \Delta\theta + F_V \Delta V + F_\lambda \Delta\lambda = 0$$

O sistema matricial formado pelas seguintes equações é:

$$\begin{bmatrix} F_\theta & F_V & F_\lambda \end{bmatrix} \begin{bmatrix} \Delta\theta \\ \Delta V \\ \Delta\lambda \end{bmatrix} = 0$$

Note que um parâmetro novo deve ser adicionado ao sistema matricial, a fim de permitir que o carregamento seja aumentado (na parte estável da curva) ou seja diminuído (na parte instável) a fim de haver um traçado completo da curva PV.

$$\begin{bmatrix} F_\theta & F_V & F_\lambda \\ & e_k & \end{bmatrix} \begin{bmatrix} \Delta\theta \\ \Delta V \\ \Delta\lambda \end{bmatrix} = \begin{bmatrix} 0 \\ \pm 1 \end{bmatrix}$$

O passo preditor é dado a partir do seguinte equacionamento, em que σ é um fator de ajuste utilizado pelo usuário. Note que, a partir de uma solução inicial do fluxo de potência, chamada de caso base, é possível prever o valor das novas variáveis a partir dos resíduos das variáveis de estado:

$$\begin{bmatrix} \theta \\ V \\ \lambda \end{bmatrix} = \begin{bmatrix} \theta_0 \\ V_0 \\ \lambda_0 \end{bmatrix} + \sigma \begin{bmatrix} \Delta\theta \\ \Delta V \\ \Delta\lambda \end{bmatrix}$$

O passo corretor é definido a partir da solução das equações do fluxo de potência considerando a variável adicional referente ao fator de carregamento.

$$\begin{bmatrix} F(\theta, V, \lambda) \\ x_k^{co} - x_k^{co,prev} \end{bmatrix} = 0$$

Na equação, x_k^{co} é o valor da variável escolhida como parâmetro de continuação e $x_k^{co,prev}$ é o valor correspondente predito na etapa de predição. Esse conjunto de equações pode ser resolvido usando uma ligeira modificação do método Newton-Raphson. A introdução da equação especificando o valor da variável de continuação faz com que a matriz jacobiana não fique singular no ponto de máximo carregamento.

A seleção de parâmetro de continuação adequado é extremamente importante para o passo corretor. Uma escolha inadequada pode fazer com que a solução divirja, não sendo definida. Por exemplo, o uso do parâmetro λ como parâmetro de continuação na região do ponto crítico pode fazer que a solução divirja se a estimativa exceder o máximo carregamento. Por outro lado, quando é usada a tensão como parâmetro de continuação, a solução pode divergir se são utilizados grandes passos de incremento de tensão. Tais escolhas são feitas mediante um criterioso trabalho de avaliação da sensibilidade do algoritmo implementado. De maneira geral, quando o sistema opera longe do ponto de máximo carregamento, pode-se utilizar o fator de carga como parâmetro incremental. Porém, à medida que se aproxima do ponto de máximo carregamento, a fim de evitar problemas de mal condicionamento, pode-se utilizar a tensão como parâmetro de continuação para atingir uma resposta mais precisa e acurada do ponto de vista operacional e computacional.

A Figura 7.5 traz o representativo da curva PV para cada tipo de carga, considerando modelo como impedância constante, corrente constante e potência constante. Note que, para cada tipo de carga modelada, as linhas relativas à impedância cortam a curva PV de forma diferente, sendo possível entender que o ponto crítico só coincide com o ponto de máximo carregamento para cargas modeladas como potência constante. Para os outros modelos, o ponto crítico é geralmente anterior ao ponto de máximo carregamento.

Para as curvas PV traçadas, note que, à medida que a carga aumenta, as linhas tracejadas correspondentes interceptam a curva PV de diferentes maneiras. No caso da impedância e corrente constantes, percebe-se que o ponto crítico ocorre antes mesmo da chegada ao ponto de máximo carregamento. Tal fato faz com que haja pesquisa focada em determinar os parâmetros da carga modelada como polinômio ZIP, pois essa característica da carga influencia de maneira expressiva não apenas a segurança de tensão da rede, mas também sua operação.

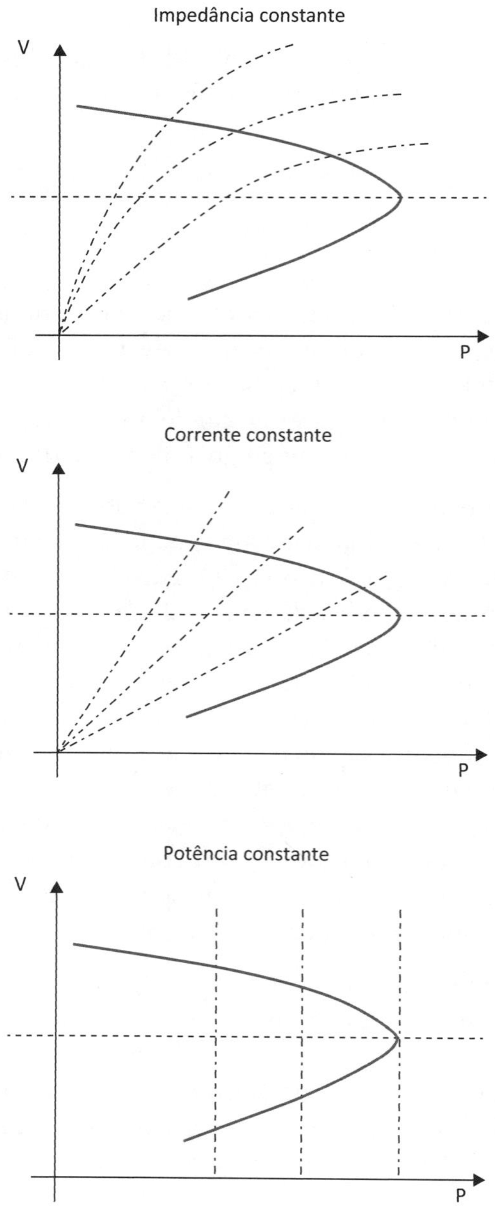

Figura 7.5 Curvas PV para diferentes modelos de carga.

Outra questão importante que afeta o traçado da curva PV é a representação de limites de reativos de barras PV. Na Figura 7.6, são ilustradas duas curvas sendo os pontos A, B e E pertencentes à curva pontilhada e os pontos B, C e D pertencentes à linha cheia. A linha pontilhada representa a curva PV sem a representação de reativos e a cheia representa a curva PV considerando os limites de reativos, sendo esta última mais realista por representar as limitações físicas das máquinas geradoras de energia. Note que o ponto de máximo carregamento real é representado pelo ponto em C. Caso o fluxo de potência implementado não contemple a representação de limites de reativos, o ponto de máximo carregamento será estimado erroneamente no ponto E.

Na prática, é necessário saber o traçado dessas situações pois o sistema real irá operar, quando estável e seguro, próximo ao ponto A, estando sob a curva pontilhada até que atinja o ponto B em que há uma bifurcação induzida pelo limite de reativos (do inglês LIB, *Limit Induced Bifurcation*). A partir do ponto B, o sistema passará a operar sob os pontos pertencentes à linha cheia chegando ao ponto C, podendo operar próximo ao ponto D, caso opere na região instável.

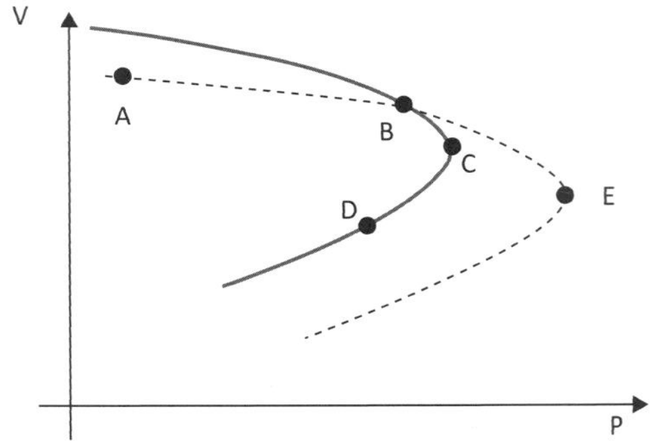

Figura 7.6 Curvas PV considerando limites de reativos.

Para sistemas em que não há muita compensação de reativos (poucos elementos *shunt*), o ponto de máximo carregamento ocorre em torno de valores de 0,7 pu ou até mesmo abaixo desse valor. Entretanto, para sistema compensados, o ponto de máximo carregamento pode estar associado a valores mais altos como 0,98 pu, por exemplo. Neste caso, note que o sistema continuará operando mesmo que atinja o ponto de máximo carregamento, podendo operar na região instável da curva PV com valores acima de 0,90 pu por exemplo. Perceba que isso quer dizer, em outras palavras, que sistemas muito compensados podem operar na região instável (parte inferior da curva PV), nas quais as sensibilidades de potência e tensão são inversas. Isso significa que, caso um sistema esteja operando na parte instável, pequenos incrementos de potência demandada podem aumentar a magnitude de tensão, sendo que essa situação é extremamente inesperada e incomum.

7.3 CURVA QV

A curva QV é obtida de maneira similar à curva PV (OVERBYE; DOBSON; DEMARCO, 1994). Entretanto, para seu traçado, considera-se um gerador síncrono fictício alocado em uma das barras de interesse para análise e deixa-se sua potência reativa excursionar entre limites mínimos e máximos. Dessa forma, registram-se os valores de tensão na curva, de tal forma que é possível encontrar um desenho similar ao da Figura 7.7:

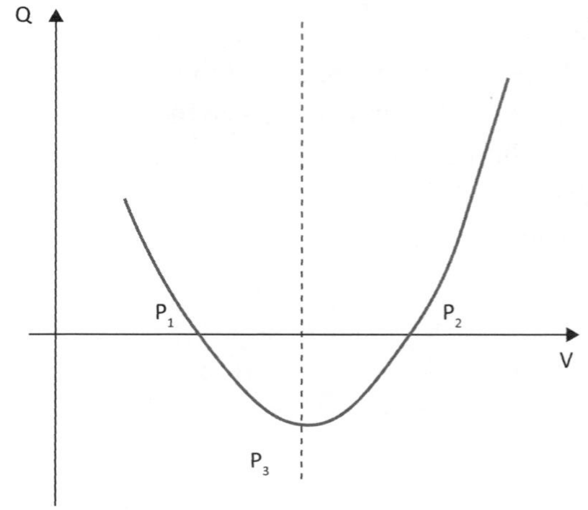

Figura 7.7 Curva QV.

O ponto P_2 encontra-se na parte da curva pertencente à operação estável. O ponto P_3 é o ponto crítico e o ponto P_1 está na região instável. O traçado desta curva é importante, pois permite verificar que o problema de instabilidade de tensão está intimamente relacionado com a falta de suporte de reativos em uma barra do sistema.

Além disso, por meio da tangente calculada em qualquer ponto da curva PV na região estável, é possível obter a relação entre potência reativa e tensão necessária para se dimensionar banco de capacitores, compensadores estáticos de reativos ou outro elemento que permita realizar controle de tensão a partir de suporte de reativos.

Para isso, basta lembrar das equações do método de fluxo de potência desacoplado rápido, transcritas aqui por conveniência e motivação didática:

$$\frac{\mathbf{\Delta Q}}{\mathbf{V}} = \mathbf{B''\Delta V}$$

7.4 ANÁLISE MODAL

A análise modal representa uma forma de avaliar os autovetores e autovalores associados à matriz jacobiana para obter informações relacionadas às barras com falta de suporte de reativos, denominadas barras críticas (GAO; MORISON; KUNDUR, 1992). Essas barras são candidatas a melhorias como controle de tensão e afetam demasiadamente o sistema no contexto da estabilidade de tensão.

Seja o sistema matricial referente ao fluxo de potência:

$$\begin{bmatrix} \Delta \mathbf{P} \\ \Delta \mathbf{Q} \end{bmatrix} = \begin{bmatrix} \mathbf{J}_{\mathbf{P}\theta} & \mathbf{J}_{\mathbf{PV}} \\ \mathbf{J}_{\mathbf{Q}\theta} & \mathbf{J}_{\mathbf{QV}} \end{bmatrix} \begin{bmatrix} \Delta \theta \\ \Delta \mathbf{V} \end{bmatrix}$$

Faz-se que $\Delta \mathbf{P} = 0$ para avaliar o impacto do suporte de reativos nas tensões do sistema. Desta forma, obtém-se o seguinte sistema matricial:

$$\begin{bmatrix} 0 \\ \Delta \mathbf{Q} \end{bmatrix} = \begin{bmatrix} \mathbf{J}_{\mathbf{P}\theta} & \mathbf{J}_{\mathbf{PV}} \\ \mathbf{J}_{\mathbf{Q}\theta} & \mathbf{J}_{\mathbf{QV}} \end{bmatrix} \begin{bmatrix} \Delta \theta \\ \Delta \mathbf{V} \end{bmatrix}$$

É possível aplicar a redução de Kron ao sistema matricial e reduzir a matriz jacobiana, obtendo-se a denominada matriz jacobiana reduzida:

$$\mathbf{J}_{\mathbf{R}} = \left[\mathbf{J}_{\mathbf{QV}} - \mathbf{J}_{\mathbf{Q}\theta} . \mathbf{J}_{\mathbf{P}\theta}^{-1} . \mathbf{J}_{\mathbf{PV}} \right]$$

Note que estará estabelecida a relação entre as variações de tensão e suporte de reativos com a matriz jacobiana reduzida por meio da seguinte equação:

$$\Delta \mathbf{V} = \mathbf{J}_{\mathbf{R}}^{-1} \Delta \mathbf{Q}$$

Pode-se separar a matriz jacobiana reduzida, dividindo-a em seus autovetores à esquerda Ψ, à direita η e em uma matriz diagonal Λ^{-1} contendo os autovalores associados à matriz, da seguinte forma:

$$\Delta \mathbf{V} = \left(\Psi \ \Lambda^{-1} \eta \right) \Delta \mathbf{Q}$$

De forma alternativa, tem-se que a seguinte expressão é válida:

$$\Delta \mathbf{V} = \sum_{\mathbf{i}} \frac{\Psi_i \eta_i}{\Lambda_i} \Delta \mathbf{Q}$$

Pode-se assumir que a relação entre os autovalores e as tensões modais e potências reativas modais serão, multiplicando as variações de tensão por ψ^{-1} e as de reativos por η:

$$\mathbf{v} = \Lambda^{-1}\mathbf{q}$$

Desta forma, é possível avaliar o impacto de cada autovalor na solução modal:

$$\begin{bmatrix} v_1 \\ \vdots \\ v_n \end{bmatrix} = \begin{bmatrix} \Lambda_1^{-1} & 0 & 0 \\ 0 & \ddots & 0 \\ 0 & 0 & \Lambda_n^{-1} \end{bmatrix} \begin{bmatrix} q_1 \\ \vdots \\ q_n \end{bmatrix}$$

Caso os autovalores sejam todos positivos definidos, a matriz jacobiana estará na região estável e o sistema estará afastado do ponto de máximo carregamento.

À medida que se aproxima do ponto crítico, necessariamente algum dos autovalores vai se aproximar de zero, denotando proximidade à instabilidade. No ponto de máximo carregamento, ao menos um dos autovalores tenderá a zero. Na região instável, algum autovalor será negativo, por consequência.

Associada ao menor autovalor encontrado, efetua-se a multiplicação elemento a elemento das colunas e linhas referentes aos autovetores à esquerda e à direita, a fim de obter o fator de participação mostrado na seguinte equação:

$$\mathbf{p} = \begin{bmatrix} p_{1,i} \\ p_{2,i} \\ \vdots \\ p_{n,i} \end{bmatrix} = \begin{bmatrix} \psi_{1i}\eta_{i1} \\ \psi_{2i}\eta_{i2} \\ \vdots \\ \psi_{ni}\eta_{in} \end{bmatrix}$$

Os fatores de participação mostram a relação entre as barras mais críticas do sistema, sendo igual a 1 quando somados. Neste caso, o fator de participação associado ao maior valor será relacionado à barra crítica do sistema, aquela que será candidata a melhorias do ponto de vista do suporte de reativos.

7.5 FLUXO DE POTÊNCIA ÓTIMO APLICADO À ANÁLISE DE SEGURANÇA

O fluxo de potência ótimo é uma excelente alternativa para calcular o ponto de máximo carregamento respeitando limites de segurança, operacionais e físicos (WOOD; WOOLENBERG, 2005).

Neste caso, o objetivo é maximizar a função objetivo em que é considerado o somatório de todas as potências demandadas em cada barra de carga, sujeito a restrições do fluxo de potência, restrições de desigualdade incorporando limites mínimos e máximos de magnitude e ângulo de tensão, fluxos passantes pelas linhas e potências geradas por cada unidade despachável.

$$\max f(\mathbf{x}) = \sum_{k=1}^{N_d} \lambda P_{d,k}$$

Sujeito a:

$$\left(P_{k,g} - \lambda P_{k,d}\right) - V_k \sum_{m \in K} V_m \left(G_{km} \cos(\theta_{km}) + B_{km} sen\left(\theta_{km}\right)\right) = 0$$

$$\left(Q_{k,g} - \lambda Q_{k,d}\right) - V_k \sum_{m \in K} V_m \left(G_{km} sen(\theta_{km}) - B_{km} cos\left(\theta_{km}\right)\right) = 0$$

$$V_k^{min} \leq V_k \leq V_k^{max}$$

$$\theta_k^{min} \leq \theta_k \leq \theta_k^{max}$$

$$P_{km}^{min} \leq P_{km} \leq P_{km}^{max}$$

$$Q_{km}^{min} \leq Q_{km} \leq Q_{km}^{max}$$

$$P_{g,k}^{min} \leq P_{g,k} \leq P_{g,k}^{max}$$

$$Q_{g,k}^{min} \leq Q_{g,k} \leq Q_{g,k}^{max}$$

A solução é obtida, neste caso, utilizando-se algum método compatível com uma solução de sistemas não lineares sujeita a restrições também não lineares, como o método de pontos interiores, descrito no Capítulo 3 desta obra.

Note que a relação entre os multiplicadores de Lagrange e as restrições ativas serve como parâmetro para se estabelecer quais são as barras mais críticas do sistema, ou seja, aquelas que tendem a ter uma diminuição progressiva de tensão de maneira expressiva devido à falta de suporte de reativos.

Caso o controle de frequência seja alvo de análise, pode-se incorporar as equações de *droop* como restrições de igualdade e as frequências entre limites mínimos e máximos:

$$P_{g,k} = P_{g,k}^{0} + K_f\left(f - f^{0}\right)$$

$$Q_{g,k} = Q_{g,k}^{0} + K_v\left(V_k - V_k^{0}\right)$$

$$f^{min} \leq f \leq f^{max}$$

7.6 ASPECTOS COMPUTACIONAIS

Nesta seção, a análise modal será priorizada para se implementar o código a seguir. Apesar de o fluxo de potência continuado ser o método mais utilizado para avaliação da estabilidade de tensão, a análise modal permite avaliar com maior rigor a segurança de tensão e classificar as barras críticas. Além disso, na literatura nacional, o método continuado é bastante difundido, sendo pouco comum encontrar implementação do código para análise modal.

```
% Depois do fluxo convergido e para um fator de carga próximo
ao ponto crítico.

    J = [J1 J2;
         J3 J4];      % Matriz Jacobiana


J_red = J4-J3*inv(J1)*J2;          % Jacobiana reduzida
[v,D,W] = eig(J_red);
[autovalor, position] = min(diag(D))

modal = v(:,position).*W(:,position); % fatores de
participação

desc_m = sort(modal,'descend');

indice = [];

for i = 1:npq
    pos_m = find(modal == desc_m(i));
    indice = [indice; [pq(pos_m), desc_m(i)]];
end

disp(indice)
```

7.7 EXERCÍCIOS PROPOSTOS

1. **Quais são os principais métodos que permitem a avaliação da segurança de tensão?**
2. **Explique o conceito de margem de carregamento considerando a curva PV.**
3. **Explique o que acontece na região estável e instável da curva PV quanto às sensibilidades de potência em relação à tensão.**
4. **Por que o ponto crítico só coincide com o ponto de máximo carregamento quando a carga é modelada como potência constante?**
5. **Implemente o código para análise modal descrito neste capítulo para o sistema de 14 barras, multiplicando-se a carga nominal de todas as barras por 10 e, depois, considerando contingência da linha da barra 6 para a barra 11. Repita o exercício considerando perda das unidades geradoras 2 e 8. Neste caso, transforme as barras 2 e 8 em barras PQ. Quais são os novos fatores de participação e quais são as barras críticas do sistema?**
6. **Encontre o ponto de máximo carregamento do sistema de 14 barras utilizando o FPO desenvolvido no Capítulo 3 considerando os limites de tensão iguais a 0,95 e 1,05. Para uma contingência escolhida pelo leitor, execute o FPO e informe o novo valor do fator de carregamento.**
7. **Com base no exercício anterior, responda: o que acontece com a margem de carregamento do sistema quando ocorre uma contingência?**

CAPÍTULO 8
Estimação de estados

8.1 CONSIDERAÇÕES INICIAIS

A estimação de estados foi aplicada aos sistemas elétricos de potência desde o início do ano de 1968, com os trabalhos realizados por Fred Schweppe (SCHWEPPE; WILDES, 1970; SCHWEPPE, 1970; SCHWEPPE; ROM, 1970).

Trata-se da principal ferramenta para a análise de redes elétricas, uma vez que subsidia todas as outras ferramentas analíticas, como fluxo de potência, segurança de tensão e análise de contingências.

Mediante a obtenção de medições em tempo real coletadas da rede por sensores alocados em campo, conhecimento da topologia do sistema e aplicação de um método compatível que permite minimizar as diferenças entre valores mensurados e calculados em função das variáveis de estado (magnitudes e ângulos de tensão), é possível implementar a estimação de estados na prática.

Devido ao alto preço de medidores de alta acurácia, é extremamente necessário alocar medidores de maneira otimizada no sistema, aliando custo baixo e acurácia das estimativas em um sistema de monitoramento. Diz-se que um sistema é totalmente observável quando, considerando um número mínimo de medidores otimamente alocados, for possível estimar todas as grandezas de interesse para tal sistema. Além disso, o número de medições m coletadas deve ser, preferencialmente, maior que o número n de variável de estados a serem estimadas.

Sabe-se que, para instalar um medidor em sistemas de média e alta tensão, é necessário utilizar transformadores de corrente e potencial a fim de adequar os níveis de corrente e tensão aos níveis de entrada analógica dos sensores, geralmente padronizados em 5 A e 115 V. Sabendo-se que toda medição obtida em campo estará sujeita a erros aleatórios provenientes dos transformadores de medição, ou de sua classe de exatidão, pode-se modelar tais imperfeições no valor medido mediante uma distribuição gaussiana, conforme equação a seguir, em que a função densidade de probabilidade é definida para uma variável aleatória z com média e desvio padrão iguais a, respectivamente, μ e σ.

$$f(z)=\frac{1}{\sigma\sqrt{2\pi}}e^{-\frac{1}{2}\left(\frac{z-\mu}{\sigma}\right)^2}$$

Para maximizar o critério de verossimilhança, sabe-se que é necessário minimizar a seguinte parcela da equação:

$$\min \mathrm{J}=\left(\frac{z-\mu}{\sigma}\right)^2$$

Desta forma, surge o nome do método dos mínimos quadrados ponderados (MQP), em livre tradução da expressão em inglês *weighted least squares* (WLS).

8.2 MÍNIMOS QUADRADOS PONDERADOS

Para uma maior quantidade de informações coletadas da rede, tem-se a seguinte expressão, em que z_i é uma medição e $f_i(\hat{x})$ é a função correspondente que permite o cálculo da variável em função dos estados operativos $(\mathbf{V},\theta)$. O valor do desvio padrão é associado à classe de exatidão de cada equipamento medidor pelo qual a medida é obtida. Nos algoritmos de estimação de estados é comum adotar os valores de 0,004 para medições de tensão; 0,008 para medições de correntes ramais e 0,01 para medições de potências nodais.

$$\min \mathrm{J}(\hat{x})=\sum_{i=1}^{m}\left(\frac{z_i-f_i(\hat{x})}{\sigma_i}\right)^2$$

O vetor solução contendo os valores das variáveis de estado é dado a seguir. Excluindo-se o ângulo de referência da barra *slack*, adotado como zero grau, tem-se a estimação de todas as magnitudes e ângulos de todas as barras do sistema, sendo N o número total de barras:

$$\hat{x}=\left[V_1,V_2,\ldots,V_N,\theta_2,\ldots,\theta_N\right]$$

A formação matricial do sistema é dada da seguinte forma:

$$J(\hat{x}) = \left[\mathbf{z} - \mathbf{f}_\mathrm{i}(\hat{\mathbf{x}})\right]^\mathrm{T} \mathbf{R}^{-1}\left[\mathbf{z} - \mathbf{f}_\mathrm{i}(\hat{\mathbf{x}})\right]$$

O vetor **z** é composto por medições dos mais variados tipos, podendo ser valores de tensão mensurados, ângulos mensurados, correntes ramais (magnitudes e ângulos correspondentes), potências e fluxos. Desta forma, pode-se representá-lo da seguinte forma:

$$\mathbf{z} = \left[V_k, \ldots, \theta_k, \ldots, I_{km}, \ldots, \delta_{km}, \ldots, P_k, \ldots, Q_k, \ldots, P_{km}, \ldots, Q_{km}, \ldots\right]$$

A matriz de covariâncias **R** é diagonal e segue esta formação:

$$\mathbf{R} = \begin{bmatrix} \sigma_1^2 & & \\ & \ddots & \\ & & \sigma_m^2 \end{bmatrix}$$

Para obtenção dos valores estimados de magnitudes e ângulos de tensão contidos no vetor $\hat{x}$, é comum estabelecer a seguinte relação a ser resolvida via Newton-Raphson iterativamente:

$$\Delta\mathbf{z} = \left[\mathbf{z} - \mathbf{f}_\mathrm{i}(\hat{\mathbf{x}})\right] = \mathbf{H}.\Delta\hat{\mathbf{x}}$$

em que **H** é a matriz jacobiana que relaciona o vetor de resíduos de medição e resíduos de tensões. Note que, como *m>n*, ou seja, a quantidade de medições é superior à quantidade de variáveis a serem estimadas, a matriz não é quadrada, não sendo invertível como no processo de Newton-Raphson.

Desta forma, adota-se um procedimento similar: o processo de Gauss-Newton, em que o sistema matricial será modificado a partir da multiplicação dos dois lados por $H^T R^{-1}$, resultando em:

$$\mathbf{H}^\mathrm{T}\mathbf{R}^{-1}\left[\mathbf{z} - \mathbf{f}_\mathrm{i}(\hat{\mathbf{x}})\right] = \mathbf{H}^\mathrm{T}\mathbf{R}^{-1}\mathbf{H}.\Delta\hat{\mathbf{x}}$$

Para obter os resíduos das variáveis de estados iterativamente, é possível calcular:

$$\Delta\,\hat{x} = \left(\mathbf{H}^\mathrm{T}\mathbf{R}^{-1}\mathbf{H}\right)^{-1}.\mathbf{H}^\mathrm{T}\mathbf{R}^{-1}\left[\mathbf{z} - \mathbf{f}_\mathrm{i}(\hat{\mathbf{x}})\right]$$

Pode-se ainda adotar que $\left(H^T R^{-1} H\right)$, chamada de matriz ganho, resultando em:

$$\Delta\hat{x} = \left(G\right)^{-1}.\mathbf{H}^T\mathbf{R}^{-1}\left[\mathbf{z} - \mathbf{f}_i\left(\hat{\mathbf{x}}\right)\right]$$

Desta forma, a partir de solução via Gauss-Newton, o vetor de variáveis de estados é calculado a cada iteração como na equação a seguir, conhecida como conjunto de equações normais, sendo a resposta obtida, em geral, em três iterações por uma convergência rápida.

$$\hat{\mathbf{x}}^{it+1} = \hat{\mathbf{x}}^{it} + \left[\mathbf{G}\left(\hat{\mathbf{x}}^{it}\right)\right]^{-1}.\left[\mathbf{H}\left(\hat{\mathbf{x}}^{it}\right)\right]^{T}.\mathbf{R}^{-1}.\left[\mathbf{z} - \mathbf{f}\left(\hat{\mathbf{x}}^{it}\right)\right]$$

A solução é obtida iterativamente a partir do conhecimento prévio sobre a matriz jacobiana **H**, a matriz de variâncias **R** e os valores das medições **z**, até que a diferença a seguir esteja abaixo de uma tolerância especificada, geralmente igual a 10^{-3}.

$$\Delta\hat{\mathbf{x}}^{it} = \hat{\mathbf{x}}^{it+1} - \hat{\mathbf{x}}^{it} < \boldsymbol{tol}$$

Desta forma, é possível calcular os valores associados às variáveis de estado. O processo de solução envolvendo os resíduos é bastante similar ao fluxo de potência, sendo necessário definir, para cada tipo de medição, sua derivada parcial em relação às variáveis de estado.

A estrutura da matriz jacobiana **H** é indicada a seguir, sendo formada pelas derivadas parciais de medições de variados tipos de medição em relação às magnitudes e ângulos de tensões em todas as barras do sistema elétrico a ser monitorado. No exemplo em questão, são oito os tipos de grandezas que podem ser mensuradas (potência ativa e reativa em uma barra *k*, fluxos ativos e reativos em uma linha *km*, magnitude e ângulo de tensão nodal, magnitude e ângulo de corrente ramal). Portanto, 16 submatrizes são estabelecidas pelas possíveis derivadas parciais.

As fórmulas envolvendo as derivadas de primeira ordem são dadas pelas equações a seguir.

Derivadas parciais da medição de potência ativa em uma barra:

$$\frac{dP_k}{d\theta_k} = \sum_{m \in K} V_k V_m \left(-G_{km} sen\left(\theta_{km}\right) + B_{km}\cos\left(\theta_{km}\right)\right) - V_k^2 B_{kk}$$

$$\frac{dP_k}{d\theta_m} = V_k V_m \left(G_{km} sen\left(\theta_{km}\right) - B_{km}\cos\left(\theta_{km}\right)\right)$$

$$\frac{dP_k}{dV_k} = \sum_{m \in K} V_m \left(G_{km} cos\left(\theta_{km} \right) + B_{km} \text{sen}\left(\theta_{km} \right) \right) - V_k G_{kk}$$

$$\frac{dP_k}{dV_m} = V_k \left(G_{km} cos\left(\theta_{km} \right) + B_{km} \text{sen}\left(\theta_{km} \right) \right)$$

Derivadas parciais da medição de potência reativa em uma barra:

$$\frac{dQ_k}{d\theta_k} = \sum_{m \in K} V_k V_m \left(G_{km} cos\left(\theta_{km} \right) + B_{km} \text{sen}\left(\theta_{km} \right) \right) - V_k^{\,2} G_{kk}$$

$$\frac{dQ_k}{d\theta_m} = V_k V_m \left(-G_{km} cos\left(\theta_{km} \right) - B_{km} \text{sen}\left(\theta_{km} \right) \right)$$

$$\frac{dQ_k}{dV_k} = \sum_{m \in K} V_m \left(G_{km} sen\left(\theta_{km} \right) - B_{km} \cos\left(\theta_{km} \right) \right) - V_k B_{kk}$$

$$\frac{dQ_k}{dV_m} = V_k \left(G_{km} sen\left(\theta_{km} \right) - B_{km} \cos\left(\theta_{km} \right) \right)$$

Derivadas parciais da medição de fluxo de potência ativa em uma linha conectando a barra k à barra m:

$$\frac{dP_{km}}{d\theta_k} = V_k V_m \left(G_{km} sen\left(\theta_{km} \right) - B_{km} \cos\left(\theta_{km} \right) \right)$$

$$\frac{dP_{km}}{d\theta_m} = -V_k V_m \left(G_{km} sen\left(\theta_{km} \right) - B_{km} \cos\left(\theta_{km} \right) \right)$$

$$\frac{dP_{km}}{dV_k} = -V_m \left(G_{km} cos\left(\theta_{km} \right) + B_{km} \text{sen}\left(\theta_{km} \right) \right) + 2V_k \left(G_{km} + G_{kk} \right)$$

$$\frac{dP_{km}}{dV_m} = -V_k\left(G_{km}cos\left(\theta_{km}\right) + B_{km}\text{sen}\left(\theta_{km}\right)\right)$$

Derivadas parciais da medição de fluxo de potência reativa em uma linha:

$$\frac{dQ_{km}}{d\theta_k} = -V_k V_m\left(G_{km}cos\left(\theta_{km}\right) + B_{km}\text{sen}\left(\theta_{km}\right)\right)$$

$$\frac{dQ_{km}}{d\theta_m} = V_k V_m\left(G_{km}cos\left(\theta_{km}\right) + B_{km}\text{sen}\left(\theta_{km}\right)\right)$$

$$\frac{dQ_{km}}{dV_k} = -V_m\left(-G_{km}sen\left(\theta_{km}\right) - B_{km}\cos\left(\theta_{km}\right)\right) - 2V_k\left(B_{km} + B_{kk}\right)$$

$$\frac{dQ_{km}}{dV_m} = -V_k\left(G_{km}sen\left(\theta_{km}\right) - B_{km}\cos\left(\theta_{km}\right)\right)$$

Derivadas parciais da medição de magnitude de tensão nodal em uma barra:

$$\frac{dV_k}{d\theta_k} = 0$$

$$\frac{dV_k}{d\theta_m} = 0$$

$$\frac{dV_k}{dV_k} = 1$$

$$\frac{dV_k}{dV_m} = 0$$

Derivadas parciais da medição de ângulo de tensão em uma barra:

$$\frac{d\theta_k}{d\theta_k} = 1$$

$$\frac{d\theta_k}{d\theta_m} = 0$$

$$\frac{d\theta_k}{dV_k} = 0$$

$$\frac{d\theta_k}{dV_m} = 0$$

Derivadas parciais da medição de fluxo de magnitude de corrente em uma linha:

$$\frac{dI_{km}}{d\theta_k} = \frac{V_k V_m (D_{km})}{\sqrt{E_{km}}}$$

$$\frac{dI_{km}}{d\theta_m} = -\frac{V_k V_m (D_{km})}{\sqrt{E_{km}}}$$

$$\frac{dI_{km}}{dV_k} = \frac{A_{km} V_k + C_{km} V_m}{\sqrt{E_{km}}}$$

$$\frac{dI_{km}}{dV_m} = \frac{B_{km} V_k + C_{km} V_m}{\sqrt{E_{km}}}$$

Derivadas parciais da medição do ângulo de corrente em uma linha:

$$\frac{d\delta_{km}}{d\theta_k} = \frac{A_{km} V_k^2 + C_{km} V_k V_m}{E_{km}}$$

$$\frac{d\delta_{km}}{d\theta_m} = \frac{B_{km}V_k^2 + C_{km}V_kV_m}{E_{km}}$$

$$\frac{d\delta_{km}}{dV_k} = \frac{D_{km}V_m}{E_{km}}$$

$$\frac{d\delta_{km}}{dV_m} = \frac{D_{km}V_k}{E_{km}}$$

Os termos notáveis dessas expressões, denotados por A_{km}, F_{km}, C_{km}, D_{km}, são apresentados, respectivamente, a seguir:

$$A_{km} = \left(G_{km} + G_{kk}\right)^2 + \left(B_{km} + B_{kk}\right)^2$$

$$F_{km} = G_{km}^2 + B_{km}^2$$

$$C_{km} = \left(B_{km} + B_{kk}\right)\left(G_{km}sen\left(\theta_{km}\right) - B_{km}\cos\left(\theta_{km}\right)\right) - \\ -\left(G_{km} + G_{kk}\right)\left(G_{km}cos\left(\theta_{km}\right) + B_{km}\text{sen}\left(\theta_{km}\right)\right)$$

$$D_{km} = \left(G_{km} + G_{kk}\right)\left(G_{km}sen\left(\theta_{km}\right) - B_{km}\cos\left(\theta_{km}\right)\right) - \\ -\left(B_{km} + B_{kk}\right)\left(G_{km}cos\left(\theta_{km}\right) + B_{km}\text{sen}\left(\theta_{km}\right)\right)$$

$$E_{km} = A_{km}V_k^2 + F_{km}V_m^2 + 2C_{km}V_kV_m$$

As funções não lineares que relacionam as variáveis de estado com as grandezas mensuradas são dadas a seguir. Note que são as mesmas equações dadas para o fluxo de potência tradicional:

$$P_k = V_k \sum_{m \in K} V_m (G_{km}\cos\left(\theta_{km}\right) + B_{km}sen\left(\theta_{km}\right))$$

$$Q_k = V_k \sum_{m \in K} V_m (G_{km}\text{sen}(\theta_{km}) - B_{km}cos(\theta_{km}))$$

$$P_{km} = V_k^2 (G_{kk} + G_{km}) - V_k V_m (G_{km}\cos(\theta_{km}) + B_{km}sen(\theta_{km}))$$

$$Q_{km} = -V_k^2 (B_{kk} + B_{km}) + V_k V_k V_m (G_{km}\text{sen}(\theta_{km}) - B_{km}cos(\theta_{km}))$$

$$I_{km} = \frac{\sqrt{P_{km}^2 + Q_{km}^2}}{V_k}$$

Para inicialização do processo iterativo, é comum adotar os valores de magnitude e ângulos de tensão iguais a 1 e 0, respectivamente. Entretanto, seus valores exatos são determinados iterativamente por meio do método de Gauss-Newton.

As medições de módulos de grandezas elétricas são comumente atribuídas aos sensores utilizados no sistema SCADA (*supervisory, control and data acquisition*), sendo obtidos por *remote terminal units* (RTU), *intelligent edge devices* (IED) e *smart meters* no caso de sistemas de distribuição. Já as medições angulares, como tensões e correntes fasoriais são obtidas pelo uso dos medidores *phasor measurement units* (PMU) sincronizados via *global positioning system* (GPS) ou *waveform measurement units* (WMU) (PHADKE, 1993; IZADI; MOHSENIAN-RAD, 2021).

8.3 FORMULAÇÃO DO PROBLEMA COMO PROBLEMA DE OTIMIZAÇÃO

Outros tipos de medição também são utilizados na prática, como valores de carga agregados em barramentos do sistema, os quais não são monitorados em tempo real. Entretanto, para esses valores de carga, as concessionárias obtêm um valor mensal médio estipulado a partir do faturamento de seus consumidores (OLIVEIRA; MELO; SOUZA, 2022; MELO; ANTUNES, 2022a, 2022b). Esses dados de potência ativa e reativa são chamados comumente de pseudomedidas, P_k^{hist} e Q_k^{hist} e são associados a valores históricos com pouca acurácia, uma vez que variam ao longo do dia, horas, meses, de acordo com o perfil de carga do consumidor. A fim de se considerar pseudomedidas no processo de estimação de estados, é comum associar a elas um desvio padrão muito alto, que pode chegar a 40% considerando toda a imprecisão dos dados. Uma forma alternativa é elaborar um problema de otimização considerando essas informações históricas, excursionando entre valores mínimos e máximos definidos a partir de uma variação percentual p, conforme formulação a seguir.

Ainda, na formulação, existem restrições de igualdade associadas às denominadas barras de passagem, as quais são, na prática, barras não destinadas ao atendimento de demanda. São subestações de manobra ou postes sem transformadores de carga, neste caso. Essas informações são extremamente úteis para sistemas com baixa redundância de medições (que possuem poucos medidores alocados), como o caso das redes de distribuição (MELO; ANTUNES, 2022b).

$$\min J(\hat{x}) = \sum_{i=1}^{m} \left(\frac{z_i - f_i(\hat{x})}{\sigma_i} \right)^2$$

Sujeito a:

$$P_k = 0$$

$$Q_k = 0$$

$$P_k^{hist}(1-p) \le P_k \le P_k^{hist}(1+p)$$

$$Q_k^{hist}(1-p) \le Q_k \le Q_k^{hist}(1+p)$$

Nota-se que a formulação por um modelo de otimização remete ao fluxo de potência ótimo, sendo necessário que a resolução se estabeleça por algum método compatível, como o método de pontos interiores, por exemplo.

8.4 ALOCAÇÃO DE PMU

A observabilidade do sistema pode ser determinada pelo conhecimento prévio da topologia do sistema. A partir dessa informação fica mais fácil determinar os pontos necessários para a instalação dos medidores.

Outra estratégia bastante utilizada é a adoção de programação linear para determinar a alocação ótima de medidores fasoriais sincronizados, as PMU. Neste caso, assume-se que, quando a PMU é instalada em uma barra, a tensão fasorial da barra será medida em tempo real, bem como as correntes passantes nas linhas conectadas àquela unidade de medição.

Para utilizar a programação linear com este propósito, é necessário minimizar a seguinte função objetivo sujeita às restrições de desigualdade em que x_k assume valores binários (zero, quando não houver PMU instalada na barra; um em caso contrário) e são elementos do vetor $\mathbf{x}$.

$$\min \sum_{k=1}^{n_{pmu}} x_k$$

s.a.:

$$\mathbf{G}.\mathbf{x} \geq 1$$

$$x_k \in \{0,1\}$$

O número total de PMU instaladas é denotado por n_{pmu} e é igual ao valor de entradas unitárias do vetor **x**, composto por um número de elementos igual ao número total de barras do sistema.

G é chamada de matriz de incidência formada pela conectividade entre linhas, sendo igual a 1 quando houver conectividade entre as barras correspondentes e 0 quando não houver.

Seja, por exemplo, o sistema representado pela Figura 8.1, formado por oito barras.

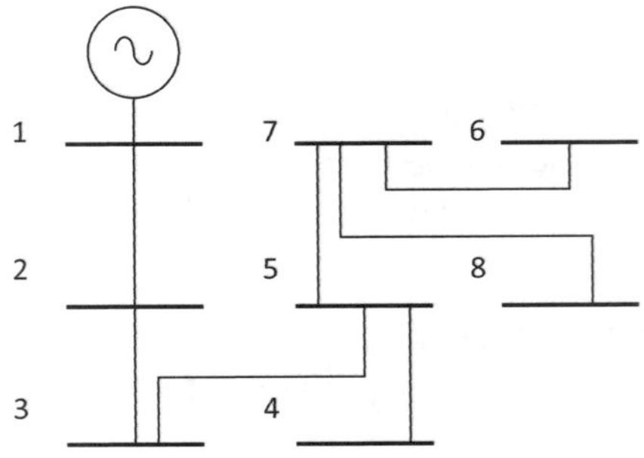

Figura 8.1 Sistema tutorial de oito barras.

Pode-se restaurar a observabilidade deste sistema apenas utilizando PMU, desde que o procedimento de alocação garanta que todas as variáveis de estados possam ser estimadas. Neste caso, nota-se que é necessário saber apenas a topologia da rede e seu modelo barra-ramo, a fim de determinar o posicionamento ótimo das unidades de medição.

Para determinar a alocação ótima de PMU neste sistema, pode-se utilizar o algoritmo de programação linear conforme formulação apresentada anteriormente. A formulação para este caso específico obedeceria ao seguinte modelo de otimização:

$$\min \sum_{k=1}^{n_{pmu}} x_k$$

s.a.:

$$\begin{bmatrix} 1\,1\,0\,0\,0\,0\,0\,0 \\ 1\,1\,1\,0\,0\,0\,0\,0 \\ 0\,1\,1\,0\,1\,0\,0\,0 \\ 0\,0\,0\,1\,1\,0\,0\,0 \\ 0\,0\,1\,1\,1\,0\,1\,0 \\ 0\,0\,0\,0\,0\,1\,1\,0 \\ 0\,0\,0\,0\,1\,1\,1\,1 \\ 0\,0\,0\,0\,0\,0\,1\,1 \end{bmatrix} \cdot \begin{bmatrix} X_1 \\ X_2 \\ X_3 \\ X_4 \\ X_5 \\ X_6 \\ X_7 \\ X_8 \end{bmatrix} \geq \begin{bmatrix} 1 \\ 1 \\ 1 \\ 1 \\ 1 \\ 1 \\ 1 \\ 1 \end{bmatrix}$$

A solução é obtida e resulta na alocação de um número mínimo de PMU nas barras 2, 4 e 7.

8.5 ASPECTOS COMPUTACIONAIS

Para exemplificar o código de um estimador de estados, tem-se o sistema de três barras do Abur e Exposito (2004) com uma barra de referência, outra de geração com uma barra de referência, outra de geração e outra de carga. Seus dados são apresentados diretamente no código.

Na prática, os valores das medições são obtidos dos medidores. No ambiente de simulação computacional, esses são gerados a partir de um fluxo de potência utilizado para emular a resposta de uma rede tendo os valores especificados de carga e condições operativas.

A parte do código em que a matriz de admitâncias é formada foi omitida por já ter sido amplamente explorada em outros códigos anteriores nesta obra.

```
%% ESTIMADOR DE ESTADOS CALCULADO PELO MÉTODO DOS MÍNIMOS
QUADRADOS PONDERADOS
clc
clear all
close all

%% Inserção e Leitura de Dados

 %       Barra Tipo    V(pu)   Teta    PG     QG     PL   QL
DBAR  = [  1      1     1.0     0.0    0.0    0.0    0.0   0.0
           2      2     1.0     0.0   40.0   50.0   21.7  12.7
           3      3     1.0     0.0    0.0    0.0    2.4   1.2
       ];
```

```
%        DE   PARA     R (pu)   X(pu)      B/2 (pu)  TAP (a)
fi(rad)
DLIN  = [  1      2     0.01    0.03       0.0       1.0      0.0
           1      3     0.02    0.05       0.0       1.0      0.0
           2      3     0.03    0.08       0.0       1.0
0.0];

%% Leitura de Dados

[NLIN,COL] = size(DLIN);  % NLIN equivale ao número de linhas
do sistema
NB = max(DBAR(:,1));      % NB equivale ao número de barras do
sistema
SBASE = 100;              % Potência Base


% Leitura dos Dados de Barra
for i=1:NB
    Barra(i)= DBAR(i,1);          % Barra
    Tipo(i)=DBAR(i,2);            % Tipo de Barra
    v(i)=DBAR(i,3);               % Módulo da Tensão
    teta(i)=DBAR(i,4)*pi/180;     % Ângulo da tensão em radianos
    Pg(i)=DBAR(i,5)/SBASE;        % Potência Ativa Gerada
    Qg(i)=DBAR(i,6)/SBASE;        % Potência Ativa Demandada
    Pd(i)=DBAR(i,7)/SBASE;        % Potência Reativa Gerada
    Qd(i)=DBAR(i,8)/SBASE;        % Potência Reativa Demandada

end

Pliq = Pg - Pd;       % Potência Ativa Líquida: Pesp= Pg - Pd
Qliq = Qg - Qd;       % Potência Reativa Líquida: Qesp= Qg - Qd

%% Leitura dos dados de Linha

for i=1:NLIN

    DE(i)=DLIN(i,1);                        % de
    PARA(i)=DLIN(i,2);                      % para

    rkm(i)=DLIN(i,3);                       % resistência série
da linha
    xkm(i)=DLIN(i,4);                       % reatância série da
linha
    Bsh(i)=DLIN(i,5);                       % susceptância shunt
da linha

    Tap(i)=DLIN(i,6);                       % Tap de linha
    fi(i)=DLIN(i,7);                       % Defasagem do
defasador
```

```
    gkm(i)= rkm(i)/(rkm(i)^2+xkm(i)^2);    % condutância série da
linha
    bkm(i)= -xkm(i)/(rkm(i)^2+xkm(i)^2);   % susceptância série
da linha

    Ykm(i)=gkm(i)+1j*bkm(i);               % admitância da linha

end

  ybarra; % código usado para cálculo da matriz de admitância

%% Medições de dados (no caso desta simulação obtidos de um fluxo)
% Vi - 1, Pi - 2, Qi - 3, Pij - 4, Qij - 5.

%           Medições Tipo  Valor    DE   PARA   Rii

 medidas  = [%---------- Módulo da Tensão ----------%
                   1    1    1.006     1     0    0.004^2;
                   2    1    0.968     2     0    0.004^2;

            %------ Potência Real Injetada ----------%
                   3    2   -0.501     2     0    0.010^2;

            %------ Potência Reativa Injetada --------%
                   4    3   -0.286     2     0    0.010^2;

            %------ Potência Real na Linha  ----------%
                   5    4   0.888      1     2    0.008^2;
                   6    4   1.173      1     3    0.008^2;

           %------ Potência Reativa na Linha--------- %
                   7    5   0.568      1     2    0.008^2;
                   8    5   0.663      1     3    0.008^2];

quant_medidas = max(medidas(:,1)); % Quantidade de medidas
realizadas
tipos = medidas(:,2);               % Tipo de medida
z = medidas(:,3)*(1+0.008*randn);   % Valores medidos com ruídos
barra_de = medidas(:,4);            % Barra DE
barra_para = medidas(:,5);          % Barra PARA
Ri = diag(medidas(:,6));            % Erro das medições

V = ones(NB,1);              % Inicialização das tensões nas
barras
angulo = zeros (NB,1);       % Inicialização dos ângulos nas barras
E = [angulo(2:end);V];       % Vetor de Estados

vi = find(tipos == 1);       % Indica as medidas de tensão
ppi = find(tipos == 2);      % Indica as medidas de potência
```

```
ativa injetada
qi = find(tipos == 3);       % Indica as medidas de potência
reativa injetada
pf = find(tipos == 4);       % Indica as medidas de fluxo de
potência ativa
qf = find(tipos == 5);       % Indica as medidas de fluxo de
potência reativa

nvi = length(vi);            % Número de medidas de tensão
npi = length(ppi);           % Número de medidas de potência
ativa injetada
nqi = length(qi);            % Número de medidas de potência
reativa injetada
npf = length(pf);            % Número de medidas de fluxo de
potência ativa
nqf = length(qf);            % Número de medidas de fluxo de
potência reativa

cont = 0;
tol = 10;

while(tol > 1e-4)

    % Função das medições, H
    h1 = V(barra_de(vi),1);
    h2 = zeros(npi,1);
    h3 = zeros(nqi,1);
    h4 = zeros(npf,1);
    h5 = zeros(nqf,1);

    for i = 1:npi
        m = barra_de(ppi(i));
        for k = 1:NB
            h2(i) = h2(i) + V(m)*V(k)*(G(m,k)*cos(angulo(m)-
angulo(k)) + B(m,k)*sin(angulo(m)-angulo(k)));
        end
    end

    for i = 1:nqi
        m = barra_de(qi(i));
        for k = 1:NB
            h3(i) = h3(i) + V(m)*V(k)*(G(m,k)*sin(angulo(m)-
angulo(k)) - B(m,k)*cos(angulo(m)-angulo(k)));
        end
    end

    for i = 1:npf
        m = barra_de(pf(i));
        n = barra_para(pf(i));
```

```
        h4(i) = -V(m)^2*G(m,n) - V(m)*V(n)*(-
G(m,n)*cos(angulo(m)-angulo(n)) - B(m,n)*sin(angulo(m)-
angulo(n)));
    end

    for i = 1:nqf
        m = barra_de(qf(i));
        n = barra_para(qf(i));
        h5(i) = -V(m)^2*(-B(m,n)+bij(m,n)) - V(m)*V(n)*(-
G(m,n)*sin(angulo(m)-angulo(n)) + B(m,n)*cos(angulo(m)-
angulo(n)));
    end

    h = [h1; h2; h3; h4; h5];

    % Resíduo = valor medido - estimado
    residuo = z - h;

    % Matriz Jacobiana
    % H11 - Deriavada de V em relação aos ângulos (todos
nulos)
    H11 = zeros(nvi,NB-1);

    % H12 - Derivada de V em relação a V
    H12 = zeros(nvi,NB);
    for k = 1:nvi
        for n = 1:NB
            if n == k
                H12(k,n) = 1;
            end
        end
    end

    % H21 - Derivadas das injeções de potência ativa em
relação aos ângulos
    H21 = zeros(npi,NB-1);
    for i = 1:npi
        m = barra_de(ppi(i));
        for k = 1:(NB-1)
            if k+1 == m
                for n = 1:NB
                    H21(i,k) = H21(i,k) + V(m)* V(n)*(-
G(m,n)*sin(angulo(m)-angulo(n)) + B(m,n)*cos(angulo(m)-
angulo(n)));
                end
                H21(i,k) = H21(i,k) - V(m)^2*B(m,m);
            else
                H21(i,k) = V(m)*
V(k+1)*(G(m,k+1)*sin(angulo(m)-angulo(k+1)) -
```

```
B(m,k+1)*cos(angulo(m)-angulo(k+1)));
            end
        end
    end

    % H22 - Derivadas das Injeções de potência ativa em
relação a tensão V
    H22 = zeros(npi,NB);
    for i = 1:npi
        m = barra_de(ppi(i));
        for k = 1:(NB)
            if k == m
                for n = 1:NB
                    H22(i,k) = H22(i,k) +
V(n)*(G(m,n)*cos(angulo(m)-angulo(n)) + B(m,n)*sin(angulo(m)-
angulo(n)));
                end
                H22(i,k) = H22(i,k) + V(m)*G(m,m);
            else
                H22(i,k) = V(m)*(G(m,k)*cos(angulo(m)-
angulo(k)) + B(m,k)*sin(angulo(m)-angulo(k)));
            end
        end
    end

    % H31 - Derivadas das injeções de potência reativa em
relação aos ângulos
    H31 = zeros(nqi,NB-1);
    for i = 1:nqi
        m = barra_de(qi(i));
        for k = 1:(NB-1)
            if k+1 == m
                for n = 1:NB
                    H31(i,k) = H31(i,k) + V(m)*
V(n)*(G(m,n)*cos(angulo(m)-angulo(n)) + B(m,n)*sin(angulo(m)-
angulo(n)));
                end
                H31(i,k) = H31(i,k) - V(m)^2*G(m,m);
            else
                H31(i,k) = V(m)* V(k+1)*(-
G(m,k+1)*cos(angulo(m)-angulo(k+1)) - B(m,k+1)*sin(angulo(m)-
angulo(k+1)));
            end
        end
    end

    % H32 - Deridas das injeções de potência reativa em
relação a tensão V
    H32 = zeros(nqi,NB);
```

```
    for i = 1:nqi
        m = barra_de(qi(i));
        for k = 1:(NB)
            if k == m
                for n = 1:NB
                    H32(i,k) = H32(i,k) +
V(n)*(G(m,n)*sin(angulo(m)-angulo(n)) - B(m,n)*cos(angulo(m)-
angulo(n)));
                end
                H32(i,k) = H32(i,k) - V(m)*B(m,m);
            else
                H32(i,k) = V(m)*(G(m,k)*sin(angulo(m)-
angulo(k)) - B(m,k)*cos(angulo(m)-angulo(k)));
            end
        end
    end

    % H41 - Derivadas dos fluxos de potência ativa em relação
aos ângulos
H41 = zeros(npf,NB-1);
    for i = 1:npf
        m = barra_de(pf(i));
        n = barra_para(pf(i));
        for k = 1:(NB-1)
            if k+1 == m
                H41(i,k) = V(m)* V(n)*(-G(m,n)*sin(angulo(m)-
angulo(n)) + B(m,n)*cos(angulo(m)-angulo(n)));
            else if k+1 == n
                H41(i,k) = -V(m)* V(n)*(-G(m,n)*sin(angulo(m)-
angulo(n)) + B(m,n)*cos(angulo(m)-angulo(n)));
                else
                    H41(i,k) = 0;
                end
            end
        end
    end

    % H42 -  Derivadas dos fluxos de potência ativa em relação
a tensão V
    H42 = zeros(npf,NB);
    for i = 1:npf
        m = barra_de(pf(i));
        n = barra_para(pf(i));
        for k = 1:NB
            if k == m
                H42(i,k) = -V(n)*(-G(m,n)*cos(angulo(m)-
angulo(n)) - B(m,n)*sin(angulo(m)-angulo(n))) - 2*G(m,n)*V(m);
            else if k == n
                H42(i,k) = -V(m)*(-G(m,n)*cos(angulo(m)-
```

```
angulo(n)) - B(m,n)*sin(angulo(m)-angulo(n)));
                else
                    H42(i,k) = 0;
                end
            end
        end
    end

    % H51 - Derivadas dos fluxos de potência reativa em relação
aos ângulos
    H51 = zeros(nqf,NB-1);
    for i = 1:nqf
        m = barra_de(qf(i));
        n = barra_para(qf(i));
        for k = 1:(NB-1)
            if k+1 == m
                H51(i,k) = -V(m)* V(n)*(-G(m,n)*cos(angulo(m)-
angulo(n)) - B(m,n)*sin(angulo(m)-angulo(n)));
            else if k+1 == n
                H51(i,k) = V(m)* V(n)*(-G(m,n)*cos(angulo(m)-
angulo(n)) - B(m,n)*sin(angulo(m)-angulo(n)));
                else
                    H51(i,k) = 0;
                end
            end
        end
    end

    % H52 - Derivadas dos fluxos de potência reativa em relação
às tensões V
    H52 = zeros(nqf,NB);
    for i = 1:nqf
        m = barra_de(qf(i));
        n = barra_para(qf(i));
        for k = 1:NB
            if k == m
                H52(i,k) = -V(n)*(-G(m,n)*sin(angulo(m)-
angulo(n)) + B(m,n)*cos(angulo(m)-angulo(n))) - 2*V(m)*(-
B(m,n)+ bij(m,n));
            else if k == n
                H52(i,k) = -V(m)*(-G(m,n)*sin(angulo(m)-
angulo(n)) + B(m,n)*cos(angulo(m)-angulo(n)));
                else
                    H52(i,k) = 0;
                end
            end
        end
    end
```

```
    % Matriz Jacobiana de Medições - H
    H = [H11 H12;
         H21 H22;
         H31 H32;
         H41 H42;
         H51 H52];

    % Função Objetivo
    J = sum(inv(Ri)*residuo.^2);

    % Vetor de Estados
    dE = inv(H'*inv(Ri)*H)*(H'*inv(Ri)*residuo);
    E = E + dE;
    angulo(2:end) = E(1:NB-1);
    V = E(NB:end);

    % Atualização da contação
    cont = cont + 1;
    tol = max(abs(dE));

end

% Transformando de radiano para graus
Ang = 180/pi*angulo;

% Vetor de Estados estimados
Estimado = [V Ang]
```

8.6 EXERCÍCIOS PROPOSTOS

1. **Qual a diferença do fluxo de potência para o algoritmo de estimação de estados?**
2. **Quais são os tipos de medição que podem ser considerados na estimação de estados?**
3. **Quantas são as variáveis de estados a serem calculadas no método dos mínimos quadrados ponderados em relação à quantidade de número de barras do sistema?**
4. **Defina o conceito de observabilidade no contexto de monitoramento de redes elétricas.**
5. **Qual a diferença entre o método de Newton-Raphson e o Gauss-Newton?**
6. **Pesquise as diferenças de preços de medidores inteligentes e PMU.**
7. **Reproduza o código deste capítulo e compare sua resposta com a de um fluxo de potência executado para a mesma rede de três barras com os dados apresentados no código fornecido.**
8. **A partir do QR code a seguir, siga as instruções do vídeo e implemente seu código de estimação de estados reproduzindo o vídeo em questão.**

CAPÍTULO 9
Fluxo de potência trifásico

9.1 CONSIDERAÇÕES INICIAIS

A ferramenta do fluxo de potência é, sem dúvida, uma das mais versáteis e úteis no contexto da análise de sistemas elétricos de potência. A modelagem, considerando o sistema em regime permanente, é comumente utilizada para a análise de redes em centros de controle ao redor do mundo. A pressuposição de que o equivalente monofásico pode ser utilizado para avaliação dos sistemas de transmissão de energia elétrica é válida uma vez que as redes de alta tensão possuem desequilíbrios inexpressivos e, devido à transposição de linhas de transmissão, a influência de impedâncias mútuas no desbalanço de carga é desprezível.

No entanto, os sistemas de distribuição possuem características peculiares, como a topologia radial, a influência de impedâncias mútuas em cabos aéreos e subterrâneos e alto desequilíbrio devido às cargas do sistema nas fases *a*, *b* e *c* serem diferentes entre si. Portanto, é necessário desenvolver técnicas de solução que representem bem esta realidade do sistema.

O método tradicional de Newton-Raphson utilizando equações algébricas em coordenadas polares pode ser estendido à sua forma trifásica. Entretanto, devido ao mau condicionamento da matriz jacobiana para situações adversas, este não é priorizado nesta obra.

Como o método de injeção de correntes, visto no Capítulo 2, soluciona casos de estudo envolvendo cargas expressivas e a jacobiana possui características robustas que permitem análises complexas, este método será priorizado neste capítulo para explicar o funcionamento do método de injeção de correntes trifásico (GARCIA; PEREIRA; CARNEIRO JR., 2001a, 2001b).

Seja um sistema multifásico conforme a Figura 9.1.

É sabido que a relação de suas impedâncias longitudinais e *shunt* envolve valores próprios de cada fase e as mútuas. As impedâncias de cada fase serão denotadas por s, sendo que $s \in \{a,b,c\}$, ou seja, representa as três fases do sistema. Essas serão da seguinte forma estipuladas, para o segmento longitudinal em que r^{ss} é a resistência da linha na fase s e x^{ss} é a reatância própria correspondente:

$$z^{ss} = r^{ss} + jx^{ss}$$

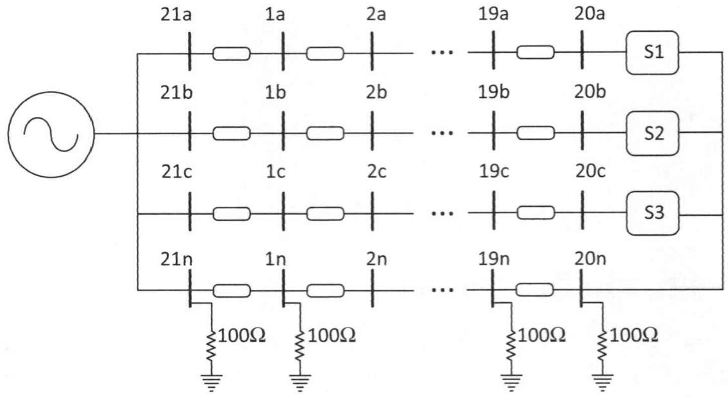

Figura 9.1 Sistema multifásico com três fases e neutro.

As admitâncias do ramo *shunt* serão expressas de forma similar, separadas em suas condutâncias g^{ss} e susceptância b^{ss} correspondente:

$$y^{ss} = g^{ss} + jb^{ss}$$

De forma análoga, definem-se as impedâncias e admitância entre as fases como as mútuas em que $s' \in \{a,b,c\}$:

$$z^{ss'} = r^{ss'} + jx^{ss'}$$

$$y^{ss'} = g^{ss'} + jb^{ss'}$$

As cargas, em cada fase, serão representadas pelo modelo ZIP da seguinte forma:

$$P_k^{s,esp} = \left(\alpha + \beta V_k^s + \gamma V_k^{s,2}\right) P_k^{s,nom}$$

$$Q_k^{s,esp} = \left(\alpha + \beta V_k^s + \gamma V_k^{s,2}\right) Q_k^{s,nom}$$

As potências injetadas em cada barra de geração terão seus valores respectivos definidos para cada fase, de maneira análoga.

O intuito do fluxo de potência trifásico é calcular as tensões em cada fase, em coordenadas polares (magnitude e fase de ângulo) ou em coordenadas retangulares (parte real e imaginária). O cálculo é feito iterativamente pelo método de Newton-Raphson.

9.2 MÉTODO DE INJEÇÃO DE CORRENTES TRIFÁSICO

Para calcular valores de correntes injetadas em cada barra do sistema a partir dos valores de potência líquida especificados, é possível utilizar a seguinte expressão:

$$\dot{I}_k^s = \frac{P_k^s - jQ_k^s}{\dot{V}_k^{s*}}$$

Dividindo-se em partes real e imaginária, tem-se:

$$I_k^{s,r} = \frac{P_k^s V_k^{s,r} + Q_k V_k^{s,m}}{\left(V_k^{s,r}\right)^2 + \left(V_k^{s,m}\right)^2}$$

$$I_k^{s,m} = \frac{P_k^s V_k^{s,m} - Q_k^s V_k^{s,r}}{\left(V_k^{s,r}\right)^2 + \left(V_k^{s,m}\right)^2}$$

Pode-se estabelecer as seguintes relações para cálculo de correntes em cada barra do sistema em função das tensões em cada fase considerando impedâncias próprias e mútuas:

$$I_k^{s,r}\left(\mathbf{V^{s,r}}, \mathbf{V^{s,m}}\right) = \sum_{s,s' \in \{a,b,c\}} \sum_{i \in K} G_{ki}^{ss'} V_i^{s,r} - B_{ki}^{ss'} \; V_i^{s,m}$$

$$I_k^{s,m}\left(\mathbf{V^{s,r}}, \mathbf{V^{s,m}}\right) = \sum_{s,s' \in \{a,b,c\}} \sum_{i \in K} G_{ki}^{ss'} V_i^{s,m} + B_{ki}^{ss'} \; V_i^{s,r}$$

A corrente injetada calculada baseada nos valores especificados de potências menos os respectivos valores de corrente calculadas em função das tensões definirá os resíduos de corrente, em coordenadas retangulares, os quais devem ser igualados a zero para que a solução do fluxo de potência seja determinada:

$$\Delta I_k^{s,r} = \frac{P_k^s V_k^{s,r} + Q_k^s V_k^{s,m}}{\left(V_k^{s,r}\right)^2 + \left(V_k^{s,m}\right)^2} - \sum_{s,s' \in \{a,b,c\}} \sum_{i \in K} G_{ki}^{ss'} V_i^{s,r} - B_{ki}^{ss'} \ V_i^{s,m} = 0$$

$$\Delta I_k^{s,m} = \frac{P_k^s V_k^{s,m} - Q_k^s V_k^{s,r}}{\left(V_k^{s,r}\right)^2 + \left(V_k^{s,m}\right)^2} - \sum_{s,s' \in \{a,b,c\}} \sum_{i \in K} G_{ki}^{ss'} V_i^{s,m} + B_{ki}^{ss'} \ V_i^{s,r} = 0$$

Os valores de potências são os valores especificados para cada barra considerando valores gerados e demandados:

$$P_k^s = P_k^{s,esp} = P_{g,k}^s - P_{d,k}^s$$

$$Q_k^s = Q_k^{s,esp} = Q_{g,k}^s - Q_{d,k}^s$$

9.3 FORMULAÇÃO MATRICIAL

A fim de determinar as tensões em coordenadas retangulares, calcula-se a jacobiana que relaciona as tensões e correntes, conforme estabelecido a seguir:

$$\begin{bmatrix} \Delta \mathbf{I}^{\mathbf{s,m}} \\ \Delta \mathbf{I}^{\mathbf{s,r}} \end{bmatrix} = \begin{bmatrix} \mathbf{H} & \mathbf{N} \\ \mathbf{M} & \mathbf{L} \end{bmatrix} \begin{bmatrix} \Delta \mathbf{V}^{\mathbf{r,s}} \\ \Delta \mathbf{V}^{\mathbf{s,m}} \end{bmatrix}$$

$$\left[\Delta \mathbf{I}^{\mathbf{s}}\right] = [\mathbf{J}_{\mathbf{ac}}]\left[\Delta \mathbf{V}^{\mathbf{s}}\right]$$

A solução é obtida por Newton-Raphson, considerando os valores iniciais de tensões iguais a 1 pu e seus ângulos como nulos para a fase a e rotacionados de ±120 graus para as demais fases.

$$\begin{bmatrix} \Delta I^{a,m} \\ \Delta I^{b,m} \\ \Delta I^{c,m} \\ \Delta I^{a,r} \\ \Delta I^{b,r} \\ \Delta I^{c,r} \end{bmatrix} = \begin{bmatrix} \frac{dI^{a,m}}{dV^{a,r}} & \frac{dI^{a,m}}{dV^{b,r}} & \frac{dI^{a,m}}{dV^{c,r}} & \frac{dI^{a,m}}{dV^{a,m}} & \frac{dI^{a,m}}{dV^{c,m}} \\ \frac{dI^{b,m}}{dV^{a,r}} & \frac{dI^{b,m}}{dV^{b,r}} & \frac{dI^{b,m}}{dV^{c,r}} & \frac{dI^{b,m}}{dV^{b,m}} & \frac{dI^{b,m}}{dV^{c,m}} \\ \frac{dI^{c,m}}{dV^{a,r}} & \frac{dI^{c,m}}{dV^{b,r}} & \frac{dI^{c,m}}{dV^{c,r}} & \frac{dI^{c,m}}{dV^{b,m}} & \frac{dI^{c,m}}{dV^{c,m}} \\ \frac{dI^{a,r}}{dV^{a,r}} & \frac{dI^{a,r}}{dV^{b,r}} & \frac{dI^{a,r}}{dV^{a,m}} & \frac{dI^{a,r}}{dV^{b,m}} & \frac{dI^{a,r}}{dV^{c,m}} \\ \frac{dI^{b,r}}{dV^{a,r}} & \frac{dI^{b,r}}{dV^{b,r}} & \frac{dI^{b,r}}{dV^{c,r}} & \frac{dI^{b,r}}{dV^{b,m}} & \frac{dI^{b,r}}{dV^{c,m}} \\ \frac{dI^{c,r}}{dV^{a,r}} & \frac{dI^{c,r}}{dV^{b,r}} & \frac{dI^{c,r}}{dV^{a,m}} & \frac{dI^{c,r}}{dV^{b,m}} & \frac{dI^{c,r}}{dV^{c,m}} \end{bmatrix} \begin{bmatrix} \Delta V^{a,r} \\ \Delta V^{b,r} \\ \Delta V^{c,r} \\ \Delta V^{a,m} \\ \Delta V^{b,m} \\ \Delta V^{c,m} \end{bmatrix}$$

O que pode ser expresso de maneira compacta como:

$$\begin{bmatrix} \Delta \mathbf{I}^{\mathbf{s,m}} \\ \Delta \mathbf{I}^{\mathbf{s,r}} \end{bmatrix}^{\mathrm{it}} = \begin{bmatrix} \mathbf{H} & \mathbf{N} \\ \mathbf{M} & \mathbf{L} \end{bmatrix}^{it} \begin{bmatrix} \Delta \mathbf{V}^{\mathbf{s,r}} \\ \Delta \mathbf{V}^{\mathbf{s,m}} \end{bmatrix}^{it}$$

Iterativamente, os valores de tensão são atualizados a fim de se obter a resposta, até que uma tolerância seja atingida para convergência.

As atualizações são de acordo com as seguintes equações, para cada barra do sistema.

$$V_k^{s,r,it+1} = V_k^{r,it} + \Delta V_k^{s,r,it}$$

$$V_k^{s,m,it+1} = V_k^{s,m,\,it} + \Delta V_k^{s,m,it}$$

9.4 A FORMAÇÃO DA MATRIZ JACOBIANA

As derivadas parciais, responsáveis pela formação da matriz jacobiana, são expressas a seguir.

Primeiramente, note que os elementos fora da diagonal são os próprios valores de condutância e susceptâncias dos trechos:

$$H_{km}^{ss'} = B_{km}^{ss'}$$

$$M_{km}^{ss'} = G_{km}^{ss'}$$

$$N_{km}^{ss'} = G_{km}^{ss'}$$

$$L_{km}^{ss'} = -B_{km}^{ss'}$$

Por fim, para os elementos da diagonal, únicos que são atualizados a cada iteração, tem-se:

$$H_{kk}^{s} = B_{kk}^{s} - a_k$$

$$M_{kk}^{s} = G_{kk}^{s} - b_k$$

$$N_{kk}^{s} = G_{kk}^{s} - c_k$$

$$L_{kk}^{s} = -B_{kk}^{s} - d_k$$

Os elementos notáveis das equações são expressos a seguir:

$$a_k = d_k = \frac{Q_k^s\left(V_{r,k}^{s,2} - V_{m,k}^{s,2}\right) - 2P_k^s V_{r,k}^s V_{m,k}^s}{V_k^{s,4}}$$

$$b_k = -c_k = \frac{P_k^s\left(V_{r,k}^{s,2} - V_{m,k}^{s,2}\right) - 2Q_k^s V_{r,k}^s V_{m,k}^s}{V_k^{s,4}}$$

9.5 REPRESENTAÇÃO DE BARRAS PV

Para a representação de barras PV com controle e tensão, considera-se as seguintes relações:

$$V_k^{s,2} = V_{k,r}^{s,2} + V_{m,k}^{s,2}$$

Linearizando a equação, o resíduo de tensão associado a uma barra será:

$$\Delta V_k^s = \frac{V_{r,k}^s}{V_k^s}\Delta V_{r,k}^s + \frac{V_{m,k}^s}{V_k^s}\Delta V_{m,k}^s$$

O resíduo de tensão pode ser calculado também por meio da definição, como a diferença entre o valor especificado e o valor calculado:

$$\Delta V_k^s = V_k^{s,esp} - V_k^{s,calc}$$

$$V_k^{s,calc} = \sqrt{V_{k,r}^{s,2} + V_{m,k}^{s,2}}$$

A fim de incorporar as equações de controle matricialmente no método de injeção de correntes, adicionam-se novas submatrizes A_1 e A_2, que expressam as relações entre potência reativa gerada na barra com unidade geradora despachável e a sua tensão nodal. Essas matrizes são compostas por elementos nulos, exceto nas posições referentes à barra *k* com GD.

$$\begin{bmatrix} \Delta I_m^s \\ \Delta I_r^s \\ \Delta V_k^s \end{bmatrix} = \begin{bmatrix} J_{ac} & A_1 \\ A_2 & 0 \end{bmatrix} \begin{bmatrix} \Delta V_r^s \\ \Delta V_m^s \\ \Delta Q_k^s \end{bmatrix}$$

As equações mostram, respectivamente, as derivadas das partes real e imaginária em relação às potências reativas injetadas na barra PV:

$$\frac{dV_k^s}{dV_{rk}^s} = \frac{V_{rk}}{V_k}$$

$$\frac{dV_k^s}{dV_{mk}^s} = \frac{V_{mk}^s}{V_k^s}$$

$$\frac{dI_{rk}^s}{dQ_k^s} = -\frac{V_{mk}^s}{V_k^{s,2}}$$

$$\frac{dI_{mk}^s}{dQ_k^s} = \frac{V_{rk}^s}{V_k^{s,2}}$$

A resolução do sistema resulta em uma obtenção da resposta de maneira iterativa, conforme representado a seguir:

$$V_k^{s,r,it+1} = V_k^{s,r,it} + \Delta V_k^{s,r,it}$$

$$V_k^{s,m,it+1} = V_k^{s,m,it} + \Delta V_k^{s,m,it}$$

$$Q_k^{s,it+1} = Q_k^{s,it} + \Delta Q_k^{s,it}$$

9.6 REPRESENTAÇÃO DO CONDUTOR NEUTRO

A inclusão do condutor neutro resulta em um conjunto de equações que consideram as impedâncias do neutro e impedâncias de aterramento associadas à cada barra do sistema multiaterrado conforme ilustrado na Figura 9.1. Além dos resíduos calculados em cada fase s, deve-se calcular os resíduos relacionados ao condutor neutro n, levando às seguintes equações:

$$\Delta I_k^{s,r} = \frac{P_k^s\left(V_k^{s,r} - V_k^{n,r}\right) + Q_k^s\left(V_k^{s,m} - V_k^{n,m}\right)}{\left(V_k^{s,r} - V_k^{n,r}\right)^2 + \left(V_k^{s,m} - V_k^{n,m}\right)^2} - \sum_{s,s'\in\{a,b,c,n\}} \sum_{i\in K} G_{ki}^{ss'} V_i^{s,r} - B_{ki}^{ss'} \; V_i^{s,m} = 0$$

$$\Delta I_k^{s,m} = \frac{P_k^s\left(V_k^{s,m} - V_k^{n,m}\right) - Q_k^s\left(V_k^{s,r} - V_k^{n,r}\right)}{\left(V_k^{s,r} - V_k^{n,r}\right)^2 + \left(V_k^{s,m} - V_k^{n,m}\right)^2} - \sum_{s,s'\in\{a,b,c,n\}} \sum_{i\in K} G_{ki}^{ss'} V_i^{s,m} + B_{ki}^{ss'} \; V_i^{s,r} = 0$$

$$\Delta I_k^{n,r} = -\left(I_k^{a,r} + I_k^{b,r} + I_k^{c,r}\right) - \sum_{s,s'\in\{a,b,c\}} \sum_{i\in K} G_{ki}^{ss'} V_i^{s',r} - B_{ki}^{ss'} \; V_i^{s',m} = 0$$

$$\Delta I_k^{n,m} = -\left(I_k^{a,m} + I_k^{b,m} + I_k^{c,m}\right) - \sum_{s,s'\in\{a,b,c\}} \sum_{i\in K} G_{ki}^{ns'} V_i^{s',m} + B_{ki}^{ns'} \; V_i^{s',r} = 0$$

A fim de determinar as tensões em coordenadas retangulares, calcula-se a jacobiana que relaciona as tensões e correntes conforme estabelecido abaixo em que $s' \in \{a,b,c,n\}$:

$$\begin{bmatrix} \Delta \mathbf{I}^{s',m} \\ \Delta \mathbf{I}^{s',r} \end{bmatrix} = \begin{bmatrix} \mathbf{H} & \mathbf{N} \\ \mathbf{M} & \mathbf{L} \end{bmatrix} \begin{bmatrix} \Delta \mathbf{V}^{s',r} \\ \Delta \mathbf{V}^{s',m} \end{bmatrix}$$

$$\left[\Delta \mathbf{I}^{s'} \right] = [\mathbf{J}_{ac}] \left[\Delta \mathbf{V}^{s'} \right]$$

As tensões são calculadas iterativamente:

$$V_k^{s,r,it+1} = V_k^{s,r,it} + \Delta V_k^{s,r,it}$$

$$V_k^{s,m,it+1} = V_k^{s,m,\,it} + \Delta V_k^{s,m,it}$$

$$V_k^{n,r,it+1} = V_k^{n,r,it} + \Delta V_k^{n,r,it}$$

$$V_k^{n,m,it+1} = V_k^{n,m,it} + \Delta V_k^{n,m,it}$$

9.7 ASPECTOS COMPUTACIONAIS

Considere um sistema trifásico, sendo seus dados inicializados com tensões iguais a 1 pu e ângulos de 0, -120 e 120 graus, para as fases a, b e c, respectivamente. A partir dos dados trifásicos de impedâncias de linhas próprias, mútuas e cargas, como em Oliveira (2018) pode-se formular o código a seguir. Perceba que o mesmo é apenas uma generalização do código apresentado no Capítulo 2.

```
%% Inicialização das variáveis trifásicas para Vca, Vcb e Vcc
- fases a, b e c:

Vr=zeros(3*nbus,1);
Vm=zeros(3*nbus,1);

for c=1:nbus
    Vr(3*c)=real(Vcc(c));
    Vr(3*c-1)=real(Vcb(c));
    Vr(3*c-2)=real(Vca(c));
    Vm(3*c)=imag(Vcc(c));
    Vm(3*c-1)=imag(Vcb(c));
    Vm(3*c-2)=imag(Vca(c));
end
```

```
Vcomp=Vr+j*Vm;

Vra=real(Vca);       Vma=imag(Vca);
Vrb=real(Vcb);       Vmb=imag(Vcb);
Vrc=real(Vcc);       Vmc=imag(Vcc);

Pa=zeros(nbus,1);     Qa=zeros(nbus,1);
Pb=zeros(nbus,1);     Qb=zeros(nbus,1);
Pc=zeros(nbus,1);     Qc=zeros(nbus,1);

% É necessário montar a Ybarra considerando os elementos
trifásicos (será omitida esta parte por ter sido explorada
bastante nos demais capítulos desta obra)

G=real(Ybarra);
B=imag(Ybarra);

I=Ybarra*Vcomp;
Ir=real(I);
Im=imag(I);

% Cálculo das potências trifásicas nas fases a, b e c

   for k=1:nbus
      Pa(k)=Vra(k)*Ir(3*k-2)+Vma(k)*Im(3*k-2);
      Pb(k)=Vrb(k)*Ir(3*k-1)+Vmb(k)*Im(3*k-1);
      Pc(k)=Vrc(k)*Ir(3*k)+Vmc(k)*Im(3*k);
      Qa(k)=Vma(k)*Ir(3*k-2)-Vra(k)*Im(3*k-2);
      Qb(k)=Vmb(k)*Ir(3*k-1)-Vrb(k)*Im(3*k-1);
      Qc(k)=Vmc(k)*Ir(3*k)-Vrc(k)*Im(3*k);
   end

DeltaPa=Pga-Pda-Pa;            DeltaQa=Qga-Qda-Qa;
DeltaPb=Pgb-Pdb-Pb;            DeltaQb=Qgb-Qdb-Qb;
DeltaPc=Pgc-Pdc-Pc;            DeltaQc=Qgc-Qdc-Qc;


%% Matrizes de controle de tensão

 C=zeros(3*nb_pv,6*nbus+3*nb_pv);
 E=zeros(6*nbus,3*nb_pv);

for k=1:nb_pv
    kk=Bpv(k,1);

    C(3*k-2,3*kk-2)=Vra(kk)/Va(kk);  % dVgk/dVr
    C(3*k-1,3*kk-1)=Vrb(kk)/Vb(kk);  % dVgk/dVr
    C(3*k,3*kk)=Vrc(kk)/Vc(kk);      % dVgk/dVr
```

```
    C(3*k-2,3*nbus+3*kk-2)=Vma(kk)/Va(kk); % dVgk/dVm
    C(3*k-1,3*nbus+3*kk-1)=Vmb(kk)/Vb(kk); % dVgk/dVm
    C(3*k,3*nbus+3*kk)=Vmc(kk)/Vc(kk);     % dVgk/dVm

    E(3*kk-2,3*k-2)=-Vma(kk)/(Va(kk)^2);  % dIrk/dQgk
    E(3*kk-1,3*k-1)=-Vmb(kk)/(Vb(kk)^2);  % dIrk/dQgk
    E(3*kk,3*k)=-Vmc(kk)/(Vc(kk)^2);      % dIrk/dQgk

    E(3*nbus+3*kk-2,3*k-2)=Vra(kk)/(Va(kk)^2);  % dImk/dQgk
    E(3*nbus+3*kk-1,3*k-1)=Vrb(kk)/(Vb(kk)^2);  % dImk/dQgk
    E(3*nbus+3*kk,3*k)=Vrc(kk)/(Vc(kk)^2);      % dImk/dQgk
end

%% Cálculo dos resíduos da corrente:
DeltaIr=zeros(3*nbus,1);
DeltaIm=zeros(3*nbus,1);

for k=1:nbus
    DeltaIr(3*k-2)=(Vra(k)*DeltaPa(k)+Vma(k)*DeltaQa(k))/
(Va(k)^2);
    DeltaIr(3*k-1)=(Vrb(k)*DeltaPb(k)+Vmb(k)*DeltaQb(k))/
(Vb(k)^2);
    DeltaIr(3*k)=(Vrc(k)*DeltaPc(k)+Vmc(k)*DeltaQc(k))/
(Vc(k)^2);

    DeltaIm(3*k-2)=(Vma(k)*DeltaPa(k)-Vra(k)*DeltaQa(k))/
(Va(k)^2);
    DeltaIm(3*k-1)=(Vmb(k)*DeltaPb(k)-Vrb(k)*DeltaQb(k))/
(Vb(k)^2);
    DeltaIm(3*k)=(Vmc(k)*DeltaPc(k)-Vrc(k)*DeltaQc(k))/
(Vc(k)^2);
end

DeltaIr(3*Bref-2)=0;
DeltaIm(3*Bref-2)=0;
DeltaIr(3*Bref-1)=0;
DeltaIm(3*Bref-1)=0;
DeltaIr(3*Bref)=0;
DeltaIm(3*Bref)=0;

% Resíduos de tensão:
DeltaV=zeros(3*nb_pv,1);
Vesp_a=zeros(nb_pv,1);
Vesp_b=zeros(nb_pv,1);
Vesp_c=zeros(nb_pv,1);
```

```
for k=1:nb_pv
    Vesp_a(k,1)=Va(Bpv(k));
    Vesp_b(k,1)=Vb(Bpv(k));
    Vesp_c(k,1)=Vc(Bpv(k));

    DeltaV(3*k-2)=Vesp_a(k)-Va(Bpv(k));
    DeltaV(3*k-1)=Vesp_b(k)-Vb(Bpv(k));
    DeltaV(3*k)=Vesp_c(k)-Vc(Bpv(k));
end

% Vetor de resíduos
    Residuos=[DeltaIr; DeltaIm;  DeltaV];

while max(abs(Residuos))>1e-5

    H=G;    N=-B;
    M=B;    L=G;

    for d=1:nbus
        Pespa=Pga(d)-Pda(d);              Qespa=Qga(d)-Qda(d);
        Pespb=Pgb(d)-Pdb(d);              Qespb=Qgb(d)-Qdb(d);
        Pespc=Pgc(d)-Pdc(d);              Qespc=Qgc(d)-Qdc(d);

        aka=(Qespa*(Vra(d)^2-Vma(d)^2)-2*Pespa*Vma(d)*Vra(d))/
(Va(d)^4);
        akb=(Qespb*(Vrb(d)^2-Vmb(d)^2)-2*Pespb*Vmb(d)*Vrb(d))/
(Vb(d)^4);
        akc=(Qespc*(Vrc(d)^2-Vmc(d)^2)-2*Pespc*Vmc(d)*Vrc(d))/
(Vc(d)^4);

        bka=(Pespa*(Vra(d)^2-Vma(d)^2)+2*Qespa*Vma(d)*Vra(d))/
(Va(d)^4);
        bkb=(Pespb*(Vrb(d)^2-Vmb(d)^2)+2*Qespb*Vmb(d)*Vrb(d))/
(Vb(d)^4);
        bkc=(Pespc*(Vrc(d)^2-Vmc(d)^2)+2*Qespc*Vmc(d)*Vrc(d))/
(Vc(d)^4);

        cka=(Pespa*(Vma(d)^2-Vra(d)^2)-2*Qespa*Vma(d)*Vra(d))/
(Va(d)^4);
        ckb=(Pespb*(Vmb(d)^2-Vrb(d)^2)-2*Qespb*Vmb(d)*Vrb(d))/
(Vb(d)^4);
        ckc=(Pespc*(Vmc(d)^2-Vrc(d)^2)-2*Qespc*Vmc(d)*Vrc(d))/
(Vc(d)^4);

        dka=(Qespa*(Vra(d)^2-Vma(d)^2)-2*Pespa*Vma(d)*Vra(d))/
(Va(d)^4);
        dkb=(Qespb*(Vrb(d)^2-Vmb(d)^2)-2*Pespb*Vmb(d)*Vrb(d))/
(Vb(d)^4);
```

```
        dkc=(Qespc*(Vrc(d)^2-Vmc(d)^2)-2*Pespc*Vmc(d)*Vrc(d))/
(Vc(d)^4);

        H(3*d,3*d)=H(3*d,3*d)-ckc;                      %dIrc/dVrc
        H(3*d-1,3*d-1)=H(3*d-1,3*d-1)-ckb;              %dIrb/dVrb
        H(3*d-2,3*d-2)=H(3*d-2,3*d-2)-cka;              %dIra/dVra

        N(3*d,3*d)=N(3*d,3*d)-dkc;                      %dIrb/dVmc
        N(3*d-1,3*d-1)=N(3*d-1,3*d-1)-dkb;              %dIrb/dVmb
        N(3*d-2,3*d-2)=N(3*d-2,3*d-2)-dka;              %dIra/dVma

        M(3*d,3*d)=M(3*d,3*d)-akc;                      %dImc/dVrc
        M(3*d-1,3*d-1)=M(3*d-1,3*d-1)-akb;              %dImb/dVrb
        M(3*d-2,3*d-2)=M(3*d-2,3*d-2)-aka;              %dIma/dVra

        L(3*d,3*d)=L(3*d,3*d)-bkc;                      %dImc/dVmc
        L(3*d-1,3*d-1)=L(3*d-1,3*d-1)-bkb;              %dImb/dVmb
        L(3*d-2,3*d-2)=L(3*d-2,3*d-2)-bka;              %dIma/dVma
    end

    H(3*Bref-2,3*Bref-2)=10e10;
    H(3*Bref-1,3*Bref-1)=10e10;
    H(3*Bref,3*Bref)=10e10;
    L(3*Bref-2,3*Bref-2)=10e10;
    L(3*Bref-1,3*Bref-1)=10e10;
    L(3*Bref,3*Bref)=10e10;

    %% Sistema matricial a ser resolvido iterativamente
    jac=[H   N; M L];
    Jac=[jac E; C];

    DeltaX=inv(Jac)*Residuos;

    %% Atualizando as variáveis trifásicas

    for b=1:nbus
        Vra(b)=Vra(b)+DeltaX(3*b-2);
        Vrb(b)=Vrb(b)+DeltaX(3*b-1);
        Vrc(b)=Vrc(b)+DeltaX(3*b);

        Vma(b)=Vma(b)+DeltaX(3*nbus+3*b-2);
        Vmb(b)=Vmb(b)+DeltaX(3*nbus+3*b-1);
        Vmc(b)=Vmc(b)+DeltaX(3*nbus+3*b);
    end

    Vca=Vra+j*Vma;        Va=abs(Vca);
    Vcb=Vrb+j*Vmb;        Vb=abs(Vcb);
    Vcc=Vrc+j*Vmc;        Vc=abs(Vcc);
```

```
for c=1:nbus
    Vr(3*c)=Vrc(c);
    Vr(3*c-1)=Vrb(c);
    Vr(3*c-2)=Vra(c);
    Vm(3*c)=Vmc(c);
    Vm(3*c-1)=Vmb(c);
    Vm(3*c-2)=Vma(c);
end
Vcomp=Vr+j*Vm;


for k=1:nb_pv
    kk=Bpv(k);

    Qga(kk)=Qga(kk)+DeltaX(6*nbus+3*k-2);
    Qgb(kk)=Qgb(kk)+DeltaX(6*nbus+3*k-1);
    Qgc(kk)=Qgc(kk)+DeltaX(6*nbus+3*k);

end

I=Ybarra*Vcomp;
Ir=real(I);          Im=imag(I);

% Cálculo das Potências:

for k=1:nbus
    Pa(k)=Vra(k)*Ir(3*k-2)+Vma(k)*Im(3*k-2);
    Pb(k)=Vrb(k)*Ir(3*k-1)+Vmb(k)*Im(3*k-1);
    Pc(k)=Vrc(k)*Ir(3*k)+Vmc(k)*Im(3*k);
    Qa(k)=Vma(k)*Ir(3*k-2)-Vra(k)*Im(3*k-2);
    Qb(k)=Vmb(k)*Ir(3*k-1)-Vrb(k)*Im(3*k-1);
    Qc(k)=Vmc(k)*Ir(3*k)-Vrc(k)*Im(3*k);
end

DeltaPa=Pga-Pda-Pa;            DeltaQa=Qga-Qda-Qa;
DeltaPb=Pgb-Pdb-Pb;            DeltaQb=Qgb-Qdb-Qb;
DeltaPc=Pgc-Pdc-Pc;            DeltaQc=Qgc-Qdc-Qc;

C=zeros(3*nb_pv,6*nbus+3*nb_pv);
E=zeros(6*nbus,3*nb_pv);

for k=1:nb_pv
    kk=Bpv(k,1);

    C(3*k-2,3*kk-2)=Vra(kk)/Va(kk);
    C(3*k-1,3*kk-1)=Vrb(kk)/Vb(kk);
    C(3*k,3*kk)=Vrc(kk)/Vc(kk);
```

```
        C(3*k-2,3*nbus+3*kk-2)=Vma(kk)/Va(kk);
        C(3*k-1,3*nbus+3*kk-1)=Vmb(kk)/Vb(kk);
        C(3*k,3*nbus+3*kk)=Vmc(kk)/Vc(kk);

        E(3*kk-2,3*k-2)=-Vma(kk)/(Va(kk)^2);
        E(3*kk-1,3*k-1)=-Vmb(kk)/(Vb(kk)^2);
        E(3*kk,3*k)=-Vmc(kk)/(Vc(kk)^2);

        E(3*nbus+3*kk-2,3*k-2)=Vra(kk)/(Va(kk)^2);
        E(3*nbus+3*kk-1,3*k-1)=Vrb(kk)/(Vb(kk)^2);
        E(3*nbus+3*kk,3*k)=Vrc(kk)/(Vc(kk)^2);

    end

    DeltaIr=zeros(3*nbus,1);
    DeltaIm=zeros(3*nbus,1);

    for k=1:nbus
        DeltaIr(3*k-2)=(Vra(k)*DeltaPa(k)+Vma(k)*DeltaQa(k))/
(Va(k)^2);
        DeltaIr(3*k-1)=(Vrb(k)*DeltaPb(k)+Vmb(k)*DeltaQb(k))/
(Vb(k)^2);
        DeltaIr(3*k)=(Vrc(k)*DeltaPc(k)+Vmc(k)*DeltaQc(k))/
(Vc(k)^2);

        DeltaIm(3*k-2)=(Vma(k)*DeltaPa(k)-Vra(k)*DeltaQa(k))/
(Va(k)^2);
        DeltaIm(3*k-1)=(Vmb(k)*DeltaPb(k)-Vrb(k)*DeltaQb(k))/
(Vb(k)^2);
        DeltaIm(3*k)=(Vmc(k)*DeltaPc(k)-Vrc(k)*DeltaQc(k))/
(Vc(k)^2);
    end

    DeltaIr(3*Bref-2)=0;     DeltaIm(3*Bref-2)=0;
    DeltaIr(3*Bref-1)=0;     DeltaIm(3*Bref-1)=0;
    DeltaIr(3*Bref-0)=0;       DeltaIm(3*Bref-0)=0;

        DeltaV=zeros(3*nb_pv,1);

    for k=1:nb_pv
        DeltaV(3*k-2)=Vesp_a(k)-Va(Bpv(k));
        DeltaV(3*k-1)=Vesp_b(k)-Vb(Bpv(k));
        DeltaV(3*k)=Vesp_c(k)-Vc(Bpv(k));
    End

    Residuos=[DeltaIr; DeltaIm; DeltaV];
    contador=contador+1;
end
```

```
VVA=[abs(Vca) angle(Vca)*180/pi]
VVB=[abs(Vcb) angle(Vcb)*180/pi]
VVC=[abs(Vcc) angle(Vcc)*180/pi]
```

9.8 EXERCÍCIOS PROPOSTOS

1. **Quais são as diferenças na implementação de um fluxo de potência monofásico para o trifásico?**

2. **Implemente o código computacional deste capítulo e discuta os seguintes pontos: (i) quantas iterações são necessárias para obter convergência da resposta?; (ii) qual é o impacto das mútuas na montagem da jacobiana?**

3. **Implemente o código deste capítulo considerando o sistema de 33 barras trifásico com os dados obtidos a partir de Oliveira (2018).**

CAPÍTULO 10

Fluxo de potência holomórfico

10.1 CONSIDERAÇÕES INICIAIS

A análise do fluxo de potência fornece soluções que determinam o estado operativo de um sistema elétrico. Como se pode observar na Figura 10.1, em que uma curva PV é ilustrada, para uma mesma condição de carga (ponto operativo) existem duas soluções atribuídas à resolução do fluxo de potência. Neste exemplo, o ponto W representa a solução factível e estável; o ponto F representa a solução para a mesma condição de carga, porém na região instável. Esse último ponto, apesar de não ser usual na prática, pode ser determinado a partir de uma condição inicial de magnitudes e ângulos de tensão diferentes de 1 pu e fase nula.

Ou seja, quando se inicializa o fluxo de potência com 1 pu associado às magnitudes de tensão e fases nulas, a tendência é encontrar a solução estável. Entretanto, existem outras possíveis soluções que podem ser encontradas a partir de uma estipulação inicial dos valores das variáveis de estados.

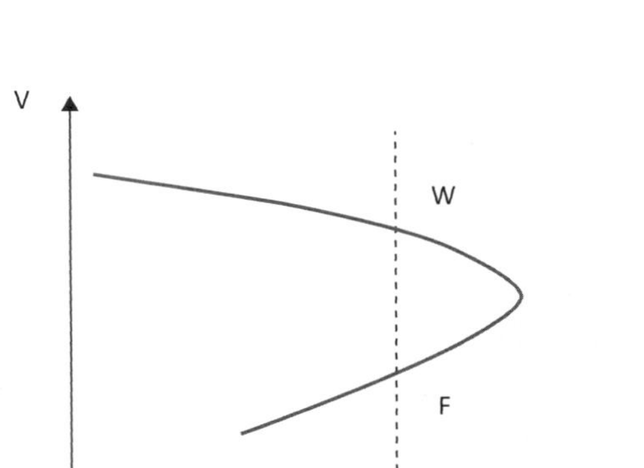

Figura 10.1 Múltiplas soluções do fluxo de potência.

Para um mesmo ponto operativo, dependendo do chute inicial, o fluxo pode convergir para outra solução. Perceba que esta conclusão pode ser alcançada mediante simples análise gráfica da curva PV mostrada neste capítulo. Entretanto, imagine esta situação para diversas barras e diversos pontos operativos. Tal fato caracteriza a não unicidade da solução do algoritmo e é conhecido na literatura como o estudo das múltiplas soluções do fluxo de potência.

Seja uma função polinomial simples:

$$f(x) = x^3 - 27x$$

Para encontrar seus valores mínimos e máximos, deriva-se a função e iguala-se esta a zero, encontrando-se duas possíveis soluções: a solução será 3 ou -3.

Perceba que, caso fosse utilizado um método computacional iterativo para encontrar a solução do problema, como Newton-Raphson, as duas soluções poderiam ser determinadas dependendo do chute inicial dado. Por exemplo, caso o valor arbitrado inicialmente para a variável fosse 2,75, possivelmente a solução encontrada seria 3. Ao contrário, caso o valor inicial dado fosse -3,45, o valor determinado pela solução iterativa seria -3. Dessa forma, diz-se que estão definidas duas zonas de atratividade de solução.

Uma zona de atratividade é definida como um conjunto de valores iniciais para os quais uma mesma solução será encontrada pelo algoritmo. Perceba que, mediante a estipulação de valores próximos à solução, pode-se encontrar duas respostas para o caso simples mencionado.

Entretanto, existem funções que, a depender do chute inicial, podem convergir para soluções distintas e, ainda, podem não convergir, seja por mal condicionamento matricial, seja por não viabilidade da solução. Ainda, é possível que a solução encontrada seja infinita, sendo sua resposta dificilmente obtida por algoritmos computacionais iterativos. Esse é o caso envolvendo números complexos e funções complexas associadas a séries e sequências numéricas.

Para entender o comportamento dessas soluções, é necessário entender o conceito de fractal.

10.2 FRACTAIS

Os fractais são representações dos padrões de repetição na natureza e podem ser estudados por meios computacionais. Por exemplo, uma nuvem, as ramificações das veias que levam sangue pelo corpo humano e os flocos de neve são exemplos de fractais. Neste caso, pode-se notar que na natureza existem vários objetos e figuras que não são descritos pela geometria euclidiana tradicional, e para entender melhor sua formação são necessários recursos matemáticos.

Diz-se que uma linha reta possui dimensão única, um quadrado possui duas dimensões e um cubo possui três dimensões. Um fractal não possui dimensão inteira e tem como característica apresentar similaridade. Isso significa que, em uma figura fractal, à medida que esta se aproxima da dimensão inteira, percebe-se uma repetição de padrões similares, característica da formação de objetos e figuras fractais.

A Figura 10.2 traz um exemplo de fractal, mostrando um objeto com características espiraladas que se repetem infinitamente. Isso significa que, ao aproximar e ampliar a imagem, serão encontradas similaridades com a figura em resolução original.

Acesse a imagem colorida em:

Figura 10.2 Fractal espiralado.

A Figura 10.3 mostra o exemplo do floco de neve de Koch, formado pela adição infinita de triângulos aos vértices da figura original. Perceba que o padrão de similaridade também é bastante notório nesta figura.

Figura 10.3 Floco de neve de Koch.

Outro exemplo bastante comum é a formação de nuvens, dos brócolis, das plantas, folhagens e a sequência de Fibonacci, representada na Figura 10.4 de maneira estrutural e na Figura 10.5 em uma concepção artística.

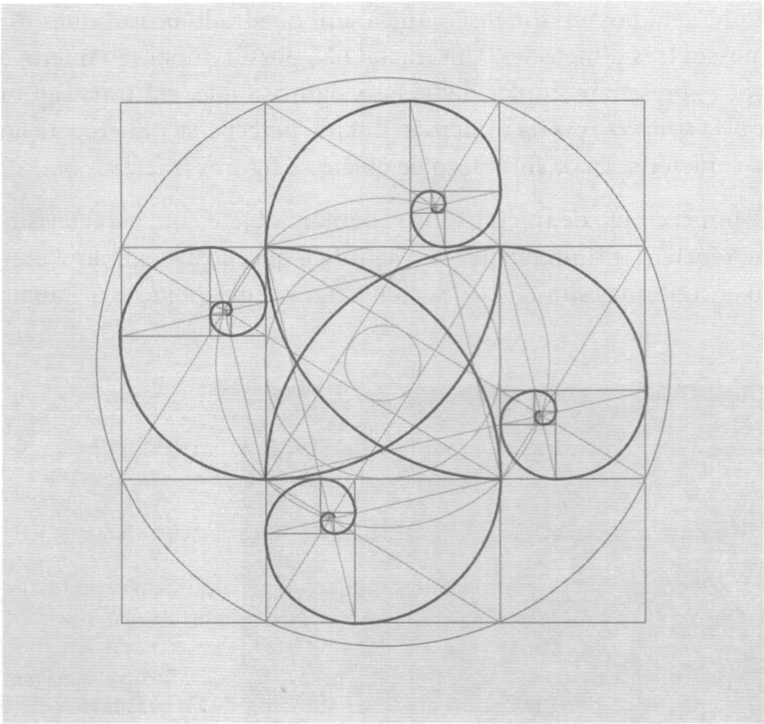

Acesse a imagem colorida em:

Figura 10.4 Sequência de Fibonacci.

Acesse a imagem colorida em:

Figura 10.5 Representação artística da sequência de Fibonacci.

Uma das figuras mais clássicas da geometria fractal é o conjunto de Mandelbrot, com sua representação clássica apresentada na Figura 10.6 e a artística na Figura 10.7.

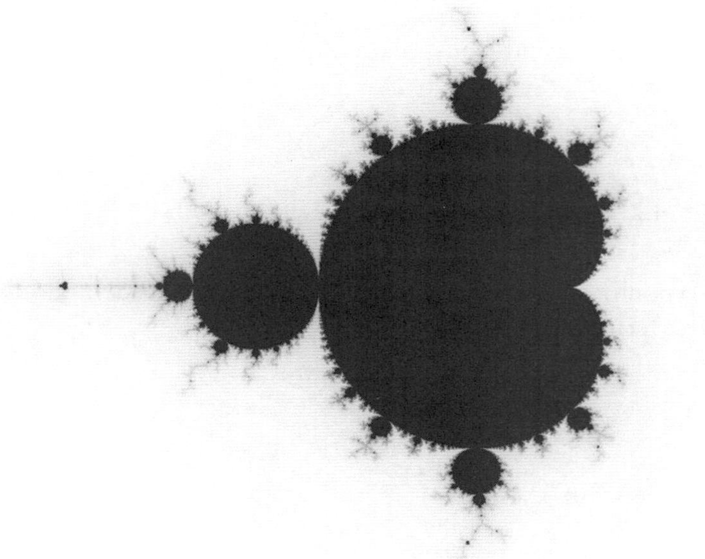

Figura 10.6 Conjunto de Mandelbrot.

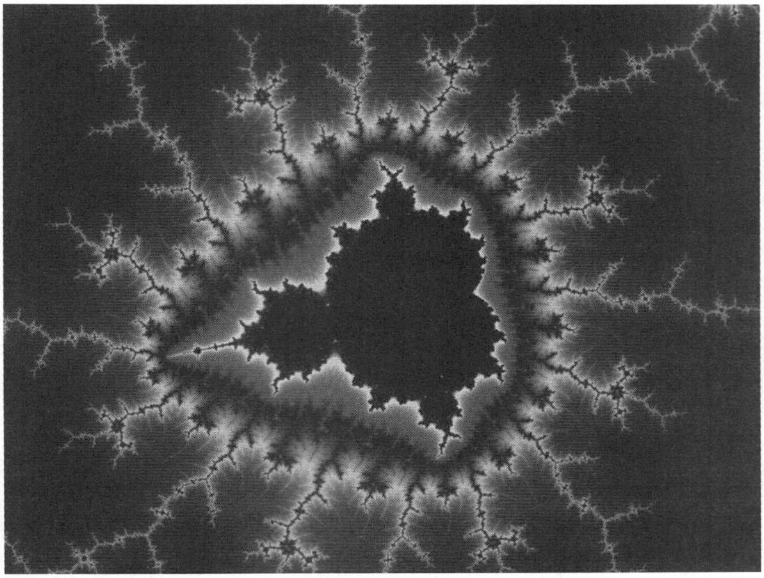

Acesse a imagem colorida em:

Figura 10.7 Representação artística do conjunto de Mandelbrot.

Sem dúvida, Benoît Mandelbrot foi um dos pesquisadores que mais ajudaram a difundir a análise dos fractais. Seu conjunto, ilustrado pela Figura 10.7, compreende todas as soluções estáveis do conjunto numérico de Mandebrot para as quais se encontram respostas estáveis e factíveis. Os demais pontos, em branco, representam soluções que não se estabilizam e não podem ser representadas no plano complexo.

Seu conjunto é definido como o conjunto de soluções de números complexos c no plano complexo de Argand-Gauss, para o qual a sequência numérica é estabelecida recursivamente:

$$\begin{cases} z_0 = 0 \\ z_{n+1} = z_n^2 + c \end{cases}$$

Para cada ponto $c = x + iy$, a sequência se expande, considerando $i = \sqrt{-1}$. Para os primeiros três termos, tem-se:

$$Z_0 = 0$$

$$Z_1 = Z_0^2 + c = x + iy$$

$$Z_2 = Z_1^2 + c = x^2 + 2ixy - y^2 + x + iy$$

Desta forma, a sequência é infinitamente definida para cada solução c. As soluções estáveis que não levam o algoritmo recursivo à divergência são plotadas como pontos pretos na Figura 10.6. Os demais levam o algoritmo à divergência.

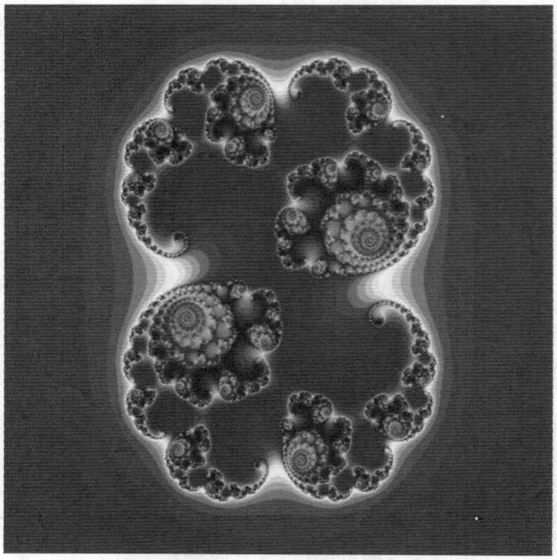

Acesse a imagem colorida em:

Figura 10.8 Conjunto de Julia.

O conjunto de Julia é bastante similar em estrutura numérica ao conjunto de Mandelbrot, com a diferença de que $z_0 = x + iy$. Na Figura 10.8, o conjunto é apresentado em uma concepção artística.

Percebe-se que a geometria fractal está presente no dia a dia das pessoas e merece atenção devido às suas propriedades matemáticas, que permitem analisar estruturas complexas da natureza e de algoritmos iterativos envolvendo números complexos, como no caso do fluxo de potência.

10.3 FRACTAIS DO FLUXO DE POTÊNCIA

Por meio da estipulação de valores iniciais para magnitudes de tensão e ângulos nas barras de carga do sistema, múltiplas soluções podem ser encontradas pela solução do fluxo de potência. Essas soluções podem pertencer às categorias a seguir:

1. Soluções factíveis e estáveis: neste caso, para uma dada condição inicial, o fluxo de potência encontra convergência e a solução se encontra na parte estável da curva PV. Como característica do método de Newton-Raphson, a matriz jacobiana do fluxo de potência tradicional possui autovalores, todos positivos na parte estável da curva PV.
2. Soluções factíveis não estáveis: neste caso, a solução encontrada pertence à parte instável da curva PV. Neste caso, a matriz jacobiana reduzida, pela análise modal, possui pelo menos um dos seus autovalores negativos.
3. Soluções não factíveis: neste caso, o fluxo de potência diverge e não encontra solução. Note que soluções próximas ao ponto de máximo carregamento podem não ser encontradas com facilidade pelo algoritmo tradicional usando Newton-Raphson devido à singularidade da matriz jacobiana, que se torna mal condicionada. Neste caso, o fluxo de potência continuado pode ser utilizado para determinar o ponto de máximo carregamento. Porém é uma limitação conhecida do algoritmo tradicional o fato de haver soluções múltiplas associadas ao método, e, por vezes, além de a solução estar muito condicionada à condição inicial, esta pode não ser encontrada de maneira correta nem fácil.

Caso sejam traçadas soluções de um fluxo de potência variando-se a inicialização de apenas os ângulos de duas barras pré-selecionadas, por exemplo, seria possível perceber a proximidade da figura gerada a partir dos pontos que apresentam soluções estáveis e factíveis (THORP; NAQAVI, 1989). Esta possuiria traços de autossimilaridade, condizentes com a geometria fractal e muito parecidos com o conjunto de Julia e de Mandelbrot. Note que, neste caso, ambos os eixos vertical e horizontal (parte imaginária e real, respectivamente) do plano complexo variam entre -2π até 2π.

As figuras fractais geradas pelas múltiplas soluções do fluxo de potência podem ser avaliadas mediante a dimensão fractal das figuras em questão, seu aspecto morfológico e de autossimilaridade quando está perto e longe do ponto de máximo carregamento (THORP; NAQAVI, 1989).

Na Figura 10.9, tem-se o fractal gerado pelas múltiplas soluções do fluxo de potência dependendo do "chute" inicial estipulado para ângulos de tensão variando-se os mesmos de 0 até 2π radianos. Neste caso, um sistema de 3 barras foi utilizado, sendo uma barra *slack* e as demais duas barras PV. Portanto, as duas únicas variáveis possíveis de serem calculadas são os ângulos das duas barras PV. Pereba que, variando-se ambos nos eixos x e y de 0 até 2π radianos, o fluxo de potência pode convergir para soluções estáveis, instáveis ou nem convergir. Os pontos coloridos em cor preta são referentes aos pontos em que a solução estável é encontrada a partir de chutes iniciais. Nota-se que, quando esses chutes são próximos a zero, o fluxo converge normalmente como esperado. Entretanto, para estipulações iniciais como, por exemplo, 2 e 4 radianos, o fluxo pode convergir para a solução instável da curva PV, sendo representados pelos pontos coloridos em cinza.

Os pontos coloridos em cor branca são aqueles para os quais o fluxo divergiu sem encontrar uma solução. Nota-se que, caso a estipulações de ângulos sejam 3 e 3 radianos, por exemplo, o fluxo tenderá a divergir sem fornecer resposta factível.

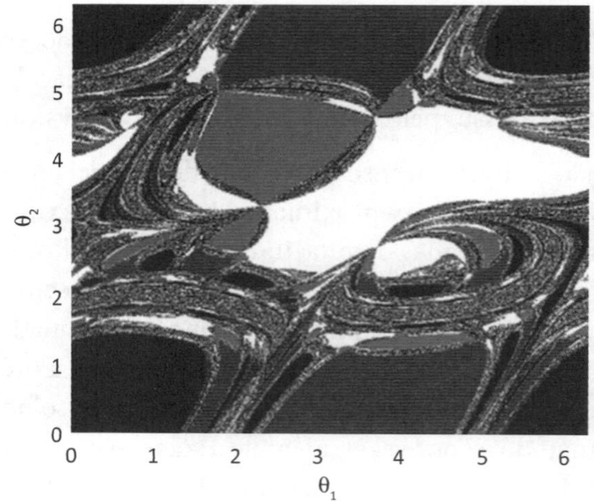

Figura 10.9 Fractal gerado pelo fluxo de potência

10.4 HOLOMORPHIC EMBEDDING LOAD-FLOW METHOD

A não unicidade do fluxo de potência culmina na existência de múltiplas soluções. Devido aos problemas relatados e a necessidade de se prover um método analítico que não dependa de condições iniciais favoráveis para obtenção da solução, desenvolveu-se recentemente o fluxo de potência holomórfico (TRIAS, 2012), em livre tradução da expressão original em inglês *holomorphic embedding load-flow method* (HELM).

Este método possui como características diferenciais a necessidade de transformar as equações do fluxo de potência em funções complexas holomórficas para que a solução possa ser obtida pela expansão em séries de potência como as de Taylor e Maclaurin. Além disso, uma característica única é a solução ser obtida de maneira direta, não sendo necessário usar métodos iterativos. Nesse caso, a solução é obtida de maneira recursiva pelo cálculo dos coeficientes das séries de potência.

Vale a pena ressaltar que este método é extremamente recente. Sua publicação data de 2012 e está associada a patentes e a uma grande quantidade de publicações e citações, graças ao seu grau de relevância para a análise do fluxo de potência e por prover meios para solucionar problemas antigos e clássicos conhecidos desde que o método tradicional começou a ser usado.

A vantagem do método é que a solução é obtida pelo método direto, não dependendo de estipular um valor inicial para o vetor de solução. Para cada tipo de barra do sistema, é necessário analisar as equações algébricas do fluxo de potência e expressá-las em função de uma variável complexa diferenciável. Para garantir que a função seja holomórfica e que a solução seja obtida de maneira adequada, é necessário associar a formulação às aproximações de Padé.

Uma função holomórfica de variáveis complexas possui a propriedade de ser diferenciável em todos os pontos pertencentes ao seu domínio. No caso de variáveis complexas, o fato de sua função ser diferenciável implica analiticidade, diferentemente do que ocorre para uma função no plano real. Funções analíticas têm a vantagem de poderem ser descritas como uma série de Taylor. Por isso, sua expansão em série de Taylor, em torno de um ponto, converge para o valor da função nesse ponto.

Apesar de algumas funções analíticas apresentarem convergência utilizando poucos termos das séries, é necessário explorar a possibilidade de aumentar o raio de convergência da série a fim de encontrar seu valor para uma máxima continuação analítica, de forma que a solução exata seja encontrada.

A aproximação de Padé (*near-diagonal Padé approximant*) possibilita aumentar o raio de convergência da série de potências para um limite maior possível. Uma vez que cada barra tem suas particularidades específicas, o método holomórfico deve ser interpretado para cada tipo de barra devido às suas diferentes especificidades. Esse aspecto afeta a maneira como o problema é embutido (*embedded*).

Note que a seguinte equação é válida para representar as barras PQ de um sistema, sendo todas as variáveis representadas complexas.

$$\sum_{m \in K} Y_{km} V_m = \frac{S_k^*}{V_k^*}$$

Para separar as partes referentes aos elementos *shunt* e os que não são, é necessário separar o primeiro termo do lado esquerdo da equação:

$$\sum_{m \in K} Y_{km} V_m = Y_{kk,sh} V_k + \sum_{m \in k} Y_{km,tr} V_m = \frac{S_k^*}{V_k^*}$$

É possível tornar a equação algébrica do fluxo de potência em holomórfica, colocando-a em função de uma variável complexa denotada por α .

$$\sum_{m \in k} Y_{km,tr} V_m(\alpha) = \frac{\alpha S_k^*}{V_k^*(\alpha^*)} - \alpha Y_{kk,sh} V_k(\alpha)$$

Note que a parte escrita como $V_k^*(\alpha^*)$ é usada para satisfazer as equações de Cauchy-Riemann, a qual define derivadas e suas relações com grandezas complexas.

Existem outras possibilidades para se fazer a equação se tornar holomórfica, mas foi escolhida a mais simples para satisfazer o seguinte critério: para valores de $\alpha = 1$, a equação original é recuperada, resultando na solução das equações do fluxo de potência na parte estável da curva PV. Uma vez que as tensões se tornaram funções holomórficas, essas podem ser escritas pelas suas respectivas expansões em séries de Taylor em torno de um ponto. Para um ponto α, o resultado é uma série de Maclaurin, a qual é descrita para as tensões da seguinte forma:

$$V(\alpha) = \sum_{n=0}^{\infty} V[n](\alpha)^n$$

$$V^*(\alpha^*) = V^*[0] + V^*[1]\alpha^* + \ldots + V^*[n](\alpha^*)^n$$

Substituindo-se as definições nas equações do fluxo de potência holomórfica:

$$\sum_{m \in k} Y_{km,tr} \left(V_m[0] + V_m[1]\alpha + \ldots + V_m[n]\alpha^n \right) = \frac{\alpha S_k^*}{[V_k^*[0] + V_k^*[1]\alpha^* + \ldots + V_k^*[n](\alpha^*)^n]} -$$

$$\alpha Y_{kk,sh} \left[[V_k^*[0] + V_k^*[1]\alpha^* + \ldots + V_k^*[n](\alpha^*)^n \right]$$

Nessa nova situação, para solucionar o problema do fluxo de potência, é necessário encontrar os coeficientes das séries que satisfazem a equação anterior. Uma estratégia é definir o inverso de $V(\alpha)$ como uma série $W(\alpha)$:

$$W_m(\alpha) = \left(W_m[0] + W_m[1]\alpha + \ldots + W_m[n]\alpha^n\right)$$

E por definição tem-se:

$$W_m(\alpha) x V_m(\alpha) = 1$$

$$\left(W_m[0] + W_m[1]\alpha + \ldots + W_m[n]\alpha^n\right) x \left(V_m[0] + V_m[1]\alpha + \ldots + V_m[n]\alpha^n\right) = 1$$

Portanto, chega-se à seguinte equação a ser resolvida:

$$\sum_{m \in k} Y_{km,tr}\left(V_m[0] + V_m[1]\alpha + \ldots + V_m[n]\alpha^n\right) = aS_k^*[W_k^*[0] + W_k^*[1]\alpha^* + \ldots + W_k^*[n]\left(\alpha^*\right)^n -$$

$$\alpha Y_{kk,sh}\left[[V_k^*[0] + V_k^*[1]\alpha^* + \ldots + V_k^*[n]\left(\alpha^*\right)^n\right]$$

É possível resolver a equação multiplicando termo a termo da série para determinar os coeficientes de $W_k(\alpha)$ a partir dos de $V_m(\alpha)$, de tal forma que, para um termo da série, vale a relação para $n \geq 1$. Para n=0, entretanto, W[n] e V[n] são iguais a 1.

$$W[n] = \frac{-\sum_{j=1}^{n-1} W[j]V[n-j]}{V[0]}$$

As manipulações algébricas feitas até este ponto permitem, portanto, calcular os coeficientes a partir da expressão, para uma barra PQ:

$$\sum_{j=0}^{N} Y_{km,tr} V_j[n] = S_k^* W_k^*[n-1] - Y_{k,sh} V_k[n-1]$$

As representações para as barras PV e a de referência seguem modelos similares e análogos (SUBRAMANIAN, 2014; SANTOS; FREITAS; FERNANDES, 2017).

A *germ solution* é encontrada fazendo $\alpha = 0$. Nessa ocasião, a série de potência para as variáveis que dependem de α é composta apenas pelo termo constante, de forma que as equações se tornam, para as barras PQ, por exemplo:

$$\sum_{j=0}^{N} Y_{km,tr} V_j \left[n \right] = 0$$

Definindo que a tensão em cada barra é 1 pu, a igualdade é satisfeita e, por consequência, o somatório é nulo.

O seguinte problema acontece ao se resolver as equações: quantos termos deverão ser utilizados para se obter a solução exata em $\alpha = 1$? Ainda, se o raio de convergência é inferior a 1, o que geralmente é verdade, a tensão não converge para o valor desejado. Então, não é suficiente fazer α=1 nas equações para encontrar a solução do problema do fluxo de potência.

Dentre os principais métodos destinados a aumentar o raio de convergência da função, escolhe-se a aproximação de Padé (*diagonal Padé approximant*), pois este não exige muitos termos para alcançar uma boa precisão para a convergência da série de potência e também possibilita o alcance da máxima continuação analítica para uma função.

O método *near-diagonal* ou *diagonal Padé approximant* consiste em igualar uma série de potências a uma fração racional. Essa fração apresenta adequada convergência para a solução esperada quando se faz o grau do polinômio no numerador igual ao grau do polinômio no denominador, ou quando o módulo da diferença entre os dois for, no máximo, igual a 1. A avaliação do método pode ser realizada igualando a série de potências à equação a seguir:

$$\left[\frac{L}{M} \right]_\alpha = \frac{a(0) + a(1)a + \ldots + a(L)\alpha^L}{b(0) + b(1)a + \ldots + b(M)\alpha^M}$$

No caso $|L - M| = 1$ ou $L = M$ (diagonal).

Os coeficientes de $V(\alpha)$ são calculados de forma que há $L + M$ coeficientes de valor conhecido do lado esquerdo da equação a seguir, enquanto os $L + M + 2$ coeficientes do outro lado são desconhecidos. Por isso, escolhe-se uma variável para ser livre. Faz-se, neste caso, b[0]=1.

$$V(\alpha) = \left(V[0] + V[1]\alpha + \ldots + V[L+M]\alpha^{L+M} \right) = \frac{a(0) + a(1)a + \ldots + a(L)\alpha^L}{b(0) + b(1)a + \ldots + b(M)\alpha^M}$$

Multiplicando-se ambos os lados pelo polinômio $b(\alpha)$ e pelo equacionamento de L+1 até L+M, o resultado é:

$$\left(b[0]+b[1]\alpha+\ldots+b[M]\alpha^{M}\right)\cdot\left(V[0]+V[1]\alpha+\ldots+V[L+M]\alpha^{L+M}\right)=$$
$$=\alpha(0)+a(1)a+\ldots+a(L)\alpha^{L}$$

O que leva ao sistema matricial que possibilita determinar os coeficientes de $b(\alpha)$

$$\begin{bmatrix} V[L-M+1] & V[L-M+2] & \ldots & V[L] \\ V[L-M+2] & V[L-M+3] & \ldots & V[L+1] \\ \vdots & \vdots & \ddots & \vdots \\ V[M]V[L] & V[L+1] & \ldots & V[L+M-1] \end{bmatrix} \begin{bmatrix} b[M] \\ b[M-1] \\ \vdots \\ b[1] \end{bmatrix} = \begin{bmatrix} V[L+1] \\ V[L+2] \\ \vdots \\ V[L+M] \end{bmatrix}$$

Os coeficientes de $a(\alpha)$ são dados por:

$$a[L]=\sum_{k=0}^{L}V[k]b[L-k]$$

Percebe-se que o método é direto e não requer instrumentos iterativos para se determinar a solução. Essa metodologia revoluciona o conceito de fluxo de potência para o setor elétrico, uma vez que permite que soluções sejam obtidas em um centro de controle sem problemas de convergência devido à singularidade da matriz jacobiana do método tradicional e o mau condicionamento de sistemas elétricos.

O código em MATLAB é apresentado gratuitamente no site a seguir, contendo uma comparação entre os método holomórfico e o tradicional de Newton-Raphson: www.mathworks.com/matlabcentral/fileexchange/71019-holomorphic-embedding-power-flow.

A implementação do HELM também foi realizada em Python, através do desenvolvimento do código *open-source* denominado de *Helmpy*, encontrado gratuitamente na internet.

10.5 REPRESENTAÇÃO DE BARRAS DE GERAÇÃO

De uma forma geral, pode-se afirmar que as barras PQ são representadas pela equação, com a variável complexa de incorporação holomórfica α :

$$\sum_{m\in k}Y_{km,tr}V_{m}(\alpha)=\frac{\alpha S_{k}^{*}}{V_{k}^{*}(\alpha^{*})}-\alpha Y_{kk,sh}V_{k}(\alpha)$$

$$V(\alpha)=\sum_{n=0}^{\infty}V[n](\alpha)^{n}$$

O intuito é calcular a quantidade de termos $V[n]$ para a qual, quando $\alpha=1$, a solução do fluxo de potência seja encontrada com precisão. Para evitar que um número exacerbado de termos seja calculado, e também para garantir que o raio de convergência da série seja expandido até que $\alpha=1$, utiliza-se as aproximações de Padé. Essas são um artifício matemático utilizado para encontrar soluções de séries infinitas truncando o resultado de forma mais acurada.

Note que a variável α é adicionada nas equações da barra PQ da seguinte forma: se a variável é especificada (potência ativa e reativa), essa será multiplicada por α e, caso a variável seja calculada pelo fluxo (tensões fasoriais), essa será escrita em função de α e expandida em vários termos de uma série de Maclaurin.

Seguindo o mesmo raciocínio para uma barra PV, tem-se que os valores especificados são a potência ativa e a magnitude de tensão. Os valores calculados são os ângulos de tensão e a potência reativa injetada na barra. Portanto, a potência reativa também será escrita em função de α e expandida em termos de uma série de Maclaurin, nesse caso.

Tem-se, então, o seguinte equacionamento para uma barra PV denotada por *i*:

$$\sum_{m\in k}Y_{km,tr}V_{m}(\alpha)=\frac{\alpha P_{i}-jQ_{i}(\alpha)}{V_{i}^{*}(\alpha^{*})}-\alpha Y_{ii,sh}V_{i}(\alpha)$$

$$Q_{i}(\alpha)=\sum_{n=0}^{\infty}Q_{i}[n]$$

A inclusão de uma nova variável requer uma restrição adicional ao método, a fim de se manter a tensão controlada em um valor de magnitude especificada $|V_{k}^{esp}|$.

$$V_{i}(\alpha)*V_{i}^{*}(\alpha^{*})=1+\alpha\left(|V_{i}^{esp}|^{2}-1\right)$$

De maneira similar, a única equação que representa a barra *slack* de referência é dada da seguinte forma:

$$V_{k,slack}(\alpha)=1+\alpha\left(V_{k,slack}^{esp}-1\right)$$

Isso implica que, termo a termo a tensão da barra *slack* será:

$$V_{k,slack}\left[n\right]=\begin{cases}1, se\ n=0\\(V_{k,slack}-1), se\ n\geq 1\end{cases}$$

A solução é encontrada para ambos os casos quando $\alpha = 1$ e a solução germinal (*germ solution*) é encontrada quando $\alpha = 0$. De uma maneira geral, a solução germinal é determinada considerando todas as tensões iguais a 1 pu e todas as potências reativas injetadas nas barras PV iguais a zero. Seus valores exatos são determinados recursivamente pelo algoritmo assumindo sua expansão em termos da série de Maclaurin.

Para as barras PV, tem-se a seguinte relação:

$$\sum_{m=1}^{N} Y_{km,tr}V_m\left[n\right]=P_iW_i^*\left[n-1\right]-j\left(\sum_{t=0}^{n}Q_i\left[t\right]W_i^*\left[n-t\right]\right)-Y_{i,sh}V_i\left[n-1\right]$$

$$\sum_{t=0}^{n}Q_i\left[t\right]W_i^*\left[n-t\right]=Q_i\left[0\right]W_i^*\left[n\right]+$$
$$+Q_i\left[1\right]W_i^*\left[n-1\right]+Q_i\left[2\right]W_i^*\left[n-2\right]+\ldots+Q_i\left[n\right]W_i^*\left[0\right]$$

Uma nova grandeza é definida para tornar as equações sucintas nas próximas etapas considerando o somatório referente à potência reativa do termo 1 até n-1:

$$Rhs\_Known\left[n-1\right]=P_iW_i^*\left[n-1\right]-j\left(\sum_{t=1}^{n-1}Q_i\left[t\right]W_i^*\left[n-t\right]\right)-Y_{i,sh}V_i\left[n-1\right]$$

Para a restrição adicional referente ao controle de tensão na barra PV, tem-se que a parte real da tensão calculada na barra PV será, termo a termo, igual a:

$$V_{i,re}\left[n\right]=\begin{cases}1, se\ n=0\\(V_i^{esp2}-1)/2, se\ n=1\\-\dfrac{1}{2}\left(\displaystyle\sum_{t=1}^{n-1}V_i\left[t\right]V_i^*\left[n-t\right]\right), se\ n>1\end{cases}$$

Note que, para representar a barra PV e seu controle de tensão, é necessário separar a incógnita de tensão em suas partes real e imaginária, sendo uma tensão fasorial na barra PV:

$$V_i\left[n\right]=V_{i,re}\left[n\right]+jV_{i,im}\left[n\right]$$

A parte real é calculada a partir das especificações de $V_{i,re}\left[n\right]$ e a parte imaginária a partir da solução da expressão recursiva de $Rhs\_Known\left[n-1\right]$.

10.6 ASPECTOS COMPUTACIONAIS

A função a seguir serve para executar o fluxo holomórfico considerando barras PQ, *slack* e PV. Considera-se para exemplo ilustrativo que o sistema de 4 barras do Capítulo 1 será utilizado para execução do fluxo. O intuito é encontrar a mesma resposta determinada pelo fluxo tradicional.

As variáveis a serem utilizadas pela função helm.m são: a matriz de admitância nodal Ybus, as potências especificadas em cada barra Sbus (P+jQ), as tensões especificadas V0, a barra de referência ref, a qual é primeira barra do sistema de 4 barras, a tolerância para a convergência do método tol, a lista contendo os números das barras PQ e PV.

A solução fornece os valores de tensão VV1 calculados pelo algoritmo, as tensões termo a termo Vh, o valor de tolerância para qual o fluxo converge delS e a potência reativa calculada para a barra PV QQ1.

```
function [VV1,Vh,k,delS,QQ1]= helm(Ybus, Sbus, V0, ref,
tol,pq,pv)

n=1+length(pv)+length(pq); % número de barras
Y1=Ybus;                   % Ybarra completa
Ysh=sum(Ybus.').';         % Ysh
Ytr=Y1-diag(Ysh);          % Ybarra sem elemento shunt
Sbus=Sbus;                 % Vetor contendo valores de
potências especificadas

G=real(Ytr);
B=imag(Ytr);

%% Vetor a ser multiplicado por V_4re[n], a tensão da barra 4
(PV)

Col=[0 0 G(2,4) B(2,4) G(3,4) B(3,4) G(4,4) B(4,4)]';
```

```
%% Matriz de admitâncias nodais em coordenadas retangulares
para ser multiplicada por cada termo das incógnitas
Yret=[1        0      0        0      0        0      0      0;
      0        1      0        0      0        0      0      0;
    G(2,1) -B(2,1) G(2,2) -B(2,2) G(2,3) -B(2,3)      0 -B(2,4);
    B(2,1)  G(2,1) B(2,2)  G(2,2) B(2,3)  G(2,3)      0  G(2,4);
    G(3,1) -B(3,1) G(3,2) -B(3,2) G(3,3) -B(3,3)      0 -B(3,4);
    B(3,1)  G(3,1) B(3,2)  G(3,2) B(3,3)  G(3,3)      0  G(3,4);
    G(4,1) -B(4,1) G(4,2) -B(4,2) G(4,3) -B(4,3)      0 -B(4,4);
    B(4,1)  G(4,1) B(4,2)  G(4,2) B(4,3)  G(4,3)      1  G(4,4)

    ];

%% LEITURA DE DADOS E INICIALIZAÇÃO

Pbus=real(Sbus);
Qbus=imag(Sbus);
Qbus(pv,:)=0*imag(Sbus(pv));
Vh=ones(n,1); % solução germinal
W(:,1)=1./Vh;
k=2;delS=1;

%% LAÇO RECURSIVO
while (delS>tol)&&(k<100)

    if (k==2)
        EQ(pq,:)=conj(Sbus(pq,:))-Ysh(pq,:);          % pq
        EQ(ref,:)=V0(ref,:)-1;                         % slack
        EQ(pv,:)=Pbus(pv,:)-Ysh(pv,:).*V0(pv,:); % pv

    else
        EQ(pq,:)=conj(Sbus(pq,:).*W(pq,k-1))-
Ysh(pq,:).*Vh(pq,k-1);% pq
        EQ(ref,:)=0;
% slack
        EQ(pv,:)=Pbus(pv,:).*conj(W(pv,k-1))-j*(diag(Qcal(pv,2
:end)*fliplr(conj(W(pv,2:end))).'))-Ysh(pv,:).*Vh(pv,k-1);% pv
    end

    VVh=(Vh);


    %% CÁLCULO DA PARTE REAL DAS TENSÕES NAS BARRAS PV

    if k==2
        if pv ~=0
            Vr=real(Vh);
            Vm=imag(Vh);
            Vr(pv,k)=(abs(V0(pv)).^2-1)./2;
        end
```

```
    else
        if pv ~=0
            Vr=real(Vh);
            Vm=imag(Vh);
            aux(pv,k)=diag(Vh(pv,2:end)*fliplr(conj(VVh(pv,2:e
nd))).');
            Vr(pv,k)=-aux(pv,k)./2;
        end
    end


    %% Vetor contendo as equações de cada barra partes real e
imaginária

    PQret=[ real(EQ(1)) imag(EQ(1)) real(EQ(2))  imag(EQ(2))
real(EQ(3))  imag(EQ(3)) real(EQ(4))  imag(EQ(4))]';

    %% Sistema linear a ser resolvido para determinar os
termos de V e Q
    COEF(:,k)=Yret\(PQret-Col.*Vr(pv,k)) ;


    %% Atualização das tensões calculadas termo a termo
    Vh(:,k)=[(COEF(1,k))+j*(COEF(2,k));  % TENSÃO NA BARRA 1
        (COEF(3,k))+j*(COEF(4,k));       % TENSÃO NA BARRA 2
        (COEF(5,k))+j*(COEF(6,k));       % TENSÃO NA BARRA 3
        Vr(pv,k)+j*(COEF(8,k))           % TENSÃO NA BARRA 4
        ].';

    %% Atualização da potência reativa para barra PV

    Qcal(pv,k)=(COEF(7,k));


    %% Cálculo de W
    W(:,k)=-diag(Vh(:,2:end)*fliplr(W).')./Vh(:,1);



    %% Solução das incógnitas (fasores de V para cada barra PQ
e a potência reativa para a barra PV)
    VV1= sum(Vh.').';  % V(s)
    QQ1= sum(Qcal.').';% Q(s)

    %% Verificação de potências calculadas com base nas tensões
calculadas
    Scal=VV1.*conj(Ybus*VV1); % calcular a potência em cada
barra
```

```
    %% PARA ATIVAR APROXIMAÇÕES DE PADÉ A PARTIR DA DÉCIMA
QUINTA ITERAÇÃO
    % Para desativar, basta comentar o código
    if k >= 15
        for K=1:max(length(Sbus))
            if mod(k,2)~=0
                VV11(K,1)=PA(Vh(K,1),[Vh(K,2:k-
1)],ceil(length(Vh(K,2:k-1))/2-1),ceil(length(Vh(K,2
:k-1))/2));

            else
                VV11(K,1)=PA(Vh(K,1),[Vh(K,2:k-
1)],ceil(length(Vh(K,2:k-1))/2),ceil(length(Vh(K,2:k-1))/2));
            end
        end
    end

    %% Atualização da recursão e checagem de convergência
    k=k+1;

    if k >=16
        delS=max(abs(VV1-VV11)); % a convergência se dá quando
os valores calculados recursivamente e pela aproximação de
Padé forem próximos, por estagnação da resposta ou número
máximo de iterações
    end
end
end
```

10.7 EXERCÍCIOS PROPOSTOS

1. **Analise os fractais de fluxo de potência de Thorp e Naqavi (1989) e justifique a característica fractal do fluxo de potência.**

2. **A partir do link indicado ao final deste capítulo, compare os resultados do fluxo de potência holomórfico com os obtidos pelo método de Newton-Raphson para o sistema de 14 barras. Quais são as diferenças percentuais entre os dois métodos?**

3. **Caso a carga do sistema seja aumentada em 20% em relação à nominal, o que ocorre com as diferenças notadas no exercício anterior? Justifique as diferenças.**

4. **Utilize o código fornecido neste capítulo e, a partir de sua implementação, calcule a diferença entre os resultados obtidos pelo fluxo holomórfico e o tradicional explicado no Capítulo 1.**

5. **Execute o fluxo holomórfico a partir do código e encontre a mesma resposta do fluxo tradicional para o sistema de 4 barras.**

6. **Implemente a aproximação de Padé para o código e perceba a quantidade menor de termos gasta pelo algoritmo.**

Referências

ABUR, Ali; EXPOSITO, Antonio Gomez . Power system state estimation: theory and implementation. Flórida: CRC press, 2004.

AJJARAPU, Venkataramana; CHRISTY, Colin. The continuation power flow: a tool for steady state voltage stability analysis. *IEEE transactions on Power Systems*, v. 7, n. 1, p. 416-423, 1992.

AJJARAPU, Venkataramana; JAIN, Nirlesh. Optimal continuation power flow. *Electric Power Systems Research*, v. 35, n. 1, p. 17-24, 1995.

ALVES, Guilherme O. *et al.* A new governor power flow formulation based on the current injections method. *International Journal of Electrical Power & Energy Systems*, v. 104, p. 705-715, 2019.

ARAUJO, Leandro R. *et al.* Comparisons between the three-phase current injection method and the forward/backward sweep method. *International Journal of Electrical Power & Energy Systems*, v. 32, n. 7, p. 825-833, 2010.

BERGER, Lars T.; INIEWSKI, K. *Redes elétricas inteligentes: aplicações, comunicação e segurança*. Rio de Janeiro: LTC, 2015.

ESCARATI, Mariana O. *et al.* Análise da capacidade de hospedagem de geração distribuída em redes de distribuição através de um modelo de otimização. *In*: CONGRESSO BRASILEIRO DE AUTOMÁTICA (CBA), v. 2, n. 1, 2020.

FUCHS, Rubens Dario. *Transmissão de energia elétrica: linhas aéreas; teorias das linhas em regime permanente*. Rio de Janeiro: LTC, 1979.

GAO, Baofu; MORISON, G. K.; KUNDUR, Prabhashankar. Voltage stability evaluation using modal analysis. *IEEE Transactions on Power Systems*, v. 7, n. 4, p. 1529-1542, 1992.

GARCIA, Paulo A. N. *et al.* Three-phase power flow calculations using the current injection method. *IEEE Transactions on power systems*, v. 15, n. 2, p. 508-514, 2000.

GARCIA, Paulo A. N.; PEREIRA, José L. R.; CARNEIRO JR., Sandoval. Fluxo de potência trifásico por injeção de corrente. Parte 1 – Formulação básica. *Revista Controle & Automação*, v. 12, n. 3, p. 178-187, 2001a.

GARCIA, Paulo A. N.; PEREIRA, José L. R.; CARNEIRO JR., Sandoval. Fluxo de potência trifásico por injeção de corrente. Parte 2 – Controles e dispositivos FACTS. *Revista Brasileira de Controle & Automação*, v. 12, n. 3, p. 188-196, 2001b.

GARCIA, Paulo A. N.; PEREIRA, José L. R.; CARNEIRO JR., Sandoval. Voltage control devices models for distribution power flow analysis. *IEEE Transactions on Power Systems*, v. 16, n. 4, p. 586-594, 2001c.

GRANVILLE, Sérgio. Optimal reactive dispatch through interior point methods. *IEEE Transactions on Power Systems*, v. 9, n. 1, p. 136-146, 1994.

GRANVILLE, Sérgio; MELLO, J. C. O.; MELO, A. C. G. Application of interior point methods to power flow unsolvability. *IEEE Transactions on Power Systems*, v. 11, n. 2, p. 1096-1103, 1996.

HAJEFOROSH, Seyede Fatemeh; KHATUN, Amena; BOLLEN, Math. Enhancing the hosting capacity of distribution transformers for using dynamic component rating. *International Journal of Electrical Power & Energy Systems*, v. 142, p. 108130, 2022.

INSTITUTE OF ELECTRICAL AND ELECTRONICS ENGINEERS. 1788-2015 IEE. *Standard for Interval Arithmetic*. 30 jun. 2015. Disponível https://ieeexplore.ieee.org/servlet/opac?punumber=7140719. Acesso em: 25 jul. 2023.

ISMAEL, Sherif M. *et al.* State-of-the-art of hosting capacity in modern power systems with distributed generation. *Renewable Energy*, v. 130, p. 1002-1020, 2019.

IZADI, Milad; MOHSENIAN-RAD, Hamed. Synchronous waveform measurements to locate transient events and incipient faults in power distribution networks. *IEEE Transactions on Smart Grid*, v. 12, n. 5, p. 4295-4307, 2021.

LATORRE, Maria de Luján; GRANVILLE, Sérgio. The Stackelberg equilibrium applied to AC power systems: a noninterior point algorithm. *IEEE Transactions on Power Systems*, v. 18, n. 2, p. 611-618, 2003.

RODRIGUES JR., Heitor M.; MELO, Igor D.; NEPOMUCENO, Erivelton G. An interval power flow for unbalanced distribution systems based on the three-phase current injection method. *International Journal of Electrical Power & Energy Systems*, v. 139, p. 107921, 2022.

KAGAN, Nelson; OLIVEIRA, Carlos César Barioni de; ROBBA, Ernesto João. *Introdução aos sistemas de distribuição de energia elétrica*. São Paulo: Blucher, 2005.

KUNDUR, Prabha S.; BALU, Neal J.; LAUBY, Mark G. Power system dynamics and stability. *Power System Stability and Control*, v. 3, 2017.

GATTA, Paula Oliveira; PASSOS FILHO, João Alberto; PEREIRA, José Luiz Rezende. Tools for handling steady-state under-frequency regulation in isolated microgrids. *IET Renewable Power Generation*, v. 13, n. 4, p. 609-617, 2019.

LEITE, Luciano C. G.; COSTA, Vander M. da. Fluxo de potência continuando via equações de injeção de corrent. *Sba: Controle & Automação Sociedade Brasileira de Automatica*, v. 14, p. 430-438, 2003.

LIAO, Xiaobing *et al.* An interval Taylor-based method for transient stability assessment of power systems with uncertainties. *International Journal of Electrical Power & Energy Systems*, v. 98, p. 108-117, 2018.

LIAO, Xiaobing *et al.* Interval method for uncertain power flow analysis based on Taylor inclusion function. *IET Generation, Transmission & Distribution*, v. 11, n. 5, p. 1270-1278, 2017.

MELO, Igor Delgado de. *Estimação de estados: uma abordagem sistêmica sobre qualidade de energia.* São Paulo: Blucher, 2022.

MELO, Igor D.; ANTUNES, Matheus P. Bad data correction in harmonic state estimation for power distribution systems: an approach based on generalised pattern search algorithm. *Electric Power Systems Research*, v. 204, p. 107684, 2022a.

MELO, Igor D.; ANTUNES, Matheus P. Microgrid state and frequency estimation using Kalman filter: an approach considering an augmented measurement Jacobian matrix. *Electrical Engineering*, v. 104, n. 3, p. 1-12, 2022b.

MELO, Igor D.; RODRIGUES JR., Heitor M.; OLIVEIRA, Mariana E. Maximum hosting capacity of distributed generation in three-phase distribution systems: an approach based on an optimization model. *Brazilian Journal of Development*, v. 7, n. 1, p. 7425-7443, 2021.

MONTICELLI, Alcir J. *Fluxo de carga em redes de energia elétrica.* São Paulo: Blucher, 1983.

MONTICELLI, Alcir J. *State estimation in electric power systems: a generalized approach.* Springer Science & Business Media, 2012.

MONTICELLI, Alcir J.; PEREIRA, Mário V. F.; GRANVILLE, Sérgio. Security-constrained optimal power flow with post-contingency corrective rescheduling. *IEEE Transactions on Power Systems*, v. 2, n. 1, p. 175-180, 1987.

MOORE, Ramon E.; KEARFOTT, R. Baker; CLOUD, Michael J. *Introduction to interval analysis.* Philadelphia: Society for Industrial and Applied Mathematics, 2009.

MULENGA, Enock; BOLLEN, Math H. J.; ETHERDEN, Nicholas. A review of hosting capacity quantification methods for photovoltaics in low-voltage distribution grids. *International Journal of Electrical Power & Energy Systems*, v. 115, p. 105445, 2020.

OLIVEIRA, Bráulio C.; MELO, Igor D.; SOUZA, Matheus A. Bad data detection, identification and correction in distribution system state estimation based on PMUs. *Electrical Engineering*, v. 104, n. 3, p. 1573-1589, 2022.

OLIVEIRA, Bráulio C. *et al.* Decentralized three-phase distribution system static state estimation based on phasor measurement units. *Electric Power Systems Research*, v. 160, p. 327-336, 2018.

OVERBYE, Thomas J.; DOBSON, Ian; DEMARCO, Christopher L. QV curve interpretations of energy measures for voltage security. *IEEE Transactions on Power Systems*, v. 9, n. 1, p. 331-340, 1994.

PASSOS FILHO, João Alberto. *Representação e avaliação do desempenho de dispositivos de controle no problema de fluxo de potência*. 2005. Tese (Doutorado em Engenharia Elétrica) – Programa de Engenharia Elétrica, COPPE, Universidade Federal do Rio de Janeiro, Rio de Janeiro, 2005.

PHADKE, Arun G. Synchronized phasor measurements in power systems. *IEEE Computer Applications in Power*, v. 6, n. 2, p. 10-15, 1993.

PINTO, Milton Oliveira. *Energia elétrica: geração, transmissão e sistemas interligados*. Rio de Janeiro: LTC, 2014.

PRAVIRAJ, P. G. Newton-Raphson loadflow. *MATLAB Central File Exchange*, 2022. Disponível em: https://www.mathworks.com/matlabcentral/fileexchange/21059-newton-raphson-loadflow. Acesso em: 24 ago. 2022.

PRYCE, John. The forthcoming IEEE standard 1788 for interval arithmetic. *In*: NEHMEIER, M., GUDENBERG, J. W., TUCKER, W. (ed.). *International symposium on scientific computing, computer arithmetic, and validated numerics*. Cham: Springer, 2015. p. 23-39.

REVOL, Nathalie. Introduction to the IEEE 1788-2015 standard for interval arithmetic. *In*: *International workshop on numerical software verification*. Cham: Springer, 2017. p. 14-21.

RODRIGUEZ-GARCIA, L.; PEREZ-LONDONO, Sandra; MORA-FLOREZ, Juan. An optimization-based approach for load modelling dependent voltage stability analysis. *Electric Power Systems Research*, v. 177, p. 105960, 2019.

SANTOS, A. C.; FREITAS, F. D.; FERNANDES, L. F. J. Holomorphic embedding approach as an alternative method for solving the power flow problem. *In*: *2017 Workshop on Communication Networks and Power Systems (WCNPS)*. Brasília: IEEE, 2017.

SCHWEPPE, Fred C. Power system static-state estimation, Part III: Implementation. *IEEE Transactions on Power Apparatus and Systems*, n. 1, p. 130-135, 1970.

SCHWEPPE, Fred C.; ROM, Douglas B. Power system static-state estimation, Part II: Approximate model. *IEEE Transactions on Power Apparatus and Systems*, n. 1, p. 125-130, 1970.

SCHWEPPE, Fred C.; WILDES, J. Power system static-state estimation, Part I: Exact model. *IEEE Transactions on Power Apparatus and Systems*, n. 1, p. 120-125, 1970.

SOUSA, Leticia L. S.; MELO, Igor D. Interval power flow analysis of microgrids with uncertainties: an approach using the second-order Taylor series expansion. *Electrical Engineering*, v. 104, n. 3, p. 1623-1633, 2022.

SUBRAMANIAN, Muthu K. *Application of holomorphic embedding to the power-flow problem*. Phoenix: [s. n.], 2014.

TEIXEIRA, Mariana O. N.; MELO, Igor D.; FILHO, João A. P. An optimisation model based approach for power systems voltage stability and harmonic analysis. *Electric Power Systems Research*, v. 199, p. 107462, 2021.

THORP, J. S.; NAQAVI, S. A. Load flow fractals. *In*: *Proceedings of the 28th IEEE Conference on Decision and Control*. [*S. l.*]: IEEE, 1989. p. 1822-1827.

TRIAS, Antonio. The holomorphic embedding load flow method. *In*: *2012 IEEE Pes General Meeting*. San Diego, CA: IEEE, 2012.

VARIZ, Abilio M.; COSTA, Vander M. da. Novos desenvolvimentos numa formulação de injeção de corrente para solução do fluxo de potência. *Sba: Controle & Automação Sociedade Brasileira de Automatica*, v. 13, p. 298-306, 2002.

WOOD, Allen J.; WOOLENBERG, Bruce F. *Power system control and operation*. New York: Wiley, 2005.

ZANETTA JR., Luiz Cera. *Fundamentos de sistemas elétricos de potência*. São Paulo: Editora Livraria da Física, 2006.

Respostas dos exercícios propostos

CAPÍTULO 1

1) As principais ferramentas estão listadas a seguir:

- Estimação de estados: ferramenta que determina os valores de tensão (magnitudes e ângulos) em cada barra a partir de medições coletadas da rede.
- Fluxo de potência: ferramenta que determina os valores de tensão em cada barra a partir de uma condição de carga especificada.
- Fluxo de potência ótimo: ferramenta que permite calcular variáveis de estado a partir da otimização de alguma função objetivo sujeita a restrições que incorporam limites físicos e operacionais.
- Análise de contingências: avaliação do impacto da perda de linhas, geradores e dispositivos de controle no estado operativo do sistema.
- Segurança de tensão: avaliação do impacto do aumento de carga no estado operativo do sistema.
- Equivalente de redes: algoritmo que permite equivalentes redes externas incorporando seus efeitos dentro do sistema sob análise, de forma a reduzir o tamanho da rede analisada.

2) A função do estimador de estados é calcular as tensões fasoriais em todas as barras, assumindo um sistema de aquisição de dados estabelecido a partir de um número reduzido de medidores alocados de maneira otimizada no sistema.

3) O objetivo principal de um fluxo de potência é determinar as tensões fasoriais a partir de uma condição de carga especificada.

4) Os principais tipos de barra são: i) referência (ou *slack*): aquele em que se especifica magnitude e ângulo de tensão e calcula-se potências ativa e reativa; ii) barras de carga (PQ): aquelas barras em que são especificados os valores de potências ativa e reativa e calculados os valores de tensão (magnitude e ângulos); iii) barras de geração (PV): aquelas barras em que são especificados os valores de magnitude de tensão e potência ativa e calculados os ângulos de fase e potência reativa.

5) Devido à falta de desequilíbrio e devido à transposição de linhas de transmissão.

6) As redes de transmissão possuem topologia malhada, e as de distribuição, topologia radial, em sua maioria, de forma generalista.

7) 6,8966-17,2414 j

8) Espera-se que os resultados sejam idênticos neste caso.

9) Segue o resultado do fluxo para as barras 1, 2, 3 e 4: 1,000 pu, 0,9795 pu, 0,9686 pu e 0,98 pu, respectivamente.

10) Segue o resultado do fluxo para as barras 1, 2, 3 e 4: 1,000 pu, 0,98 pu, 0,99 pu e 1,00 pu, respectivamente.

11) São cerca de dez vezes maiores, principalmente nas diagonais.

12) Espera-se que os resultados sejam idênticos neste caso.

13) Segue o resultado tabelado:

Barra	Magnitude de tensão (pu)
1	1,0600
2	1,0450
3	1,0100
4	1,0351
5	1,0358
6	1,0700
7	1,0728
8	1,0900
9	1,0696
10	1,0690
11	1,0691
12	1,0686
13	1,0682
14	1,0673

CAPÍTULO 2

1) Não convergência do método tradicional para alguns casos, principalmente em redes mal condicionadas e radiais de distribuição.

2) Convergência rápida, atualização da jacobiana apenas nos elementos das diagonais e robustez.

3) Não há diferenças expressivas entre os resultados, apenas o número de iterações, que é menor no caso do uso do método de injeção de correntes.

4) Segue o resultado tabelado:

Barra	Magnitude de tensão (pu)
1	1,0600
2	1,0450
3	1,0100
4	1,0351
5	1,0358
6	1,0700
7	1,0728
8	1,0900
9	1,0696
10	1,0690
11	1,0691
12	1,0686
13	1,0682
14	1,0673

5) Resposta pessoal

6) Os elementos não existentes das barras PV e barra Vtheta podem ser excluídos na jacobiana ou deixados na estrutura matricial, atribuindo-se a eles um números de valor alto, o que fará com que suas inversas sejam praticamente nulas.

CAPÍTULO 3

1) Minimizar ou maximizar uma função objetivo sujeita a restrições de desigualdade e de igualdade que expressam as equações algébricas do fluxo de potência.

2) O objetivo do fluxo de potência é calcular variáveis de estado para uma determinada condição operativa. O FPO já possui objetivos determinados a partir de funções específicas sujeitas a restrições.

3) O máximo carregamento encontrado é aumentado ligeiramente devido à falta de precisão numérica.
4) Os maiores multiplicadores de Lagrange são associados às restrições ativas.
5) O menor valor de tensão será igual a 0,95 e a barra crítica será a barra 14.
6) A tensão mínima deverá ser igual a 0,90.
7) A tensão mínima deverá ser igual a 0,85.
8) O fator de carga aumenta e os multiplicadores tendem a zerar.
9) Resposta pessoal.

CAPÍTULO 4

1) Percebe-se que o método é válido para aproximações.
2) O objetivo é, no menor tempo possível, estimar as variações de tensões mediante a retirada de algum elemento do circuito.
3) O teorema da compensação afirma que a retirada de uma impedância entre duas barras equivale a injetar correntes de magnitudes adequadas nessas barras.
4) É necessário para garantir a operação segura e confiável da rede, permitindo ações de controle em tempo real.
5) Segue o resultado tabelado, atestando que os resultados são similares.

Barra	V (pu) com contingência	V (pu) com sensibilidade
1	1,0600	1,0599
2	1,0450	1,0449
3	1,0100	1,0099
4	1,0350	1,0350
5	1,0358	1,0357
6	1,0700	1,0700
7	1,0727	1,0727
8	1,0900	1,0899
9	1,0695	1,0695
10	1,0688	1,0689
11	1,0691	1,0691
12	1,0687	1,0687
13	1,0685	1,0684
14	1,0664	1,0669

CAPÍTULO 5

1) Compreender como se dá a relação entre as áreas e melhor representar a rede de interesse composta pela fronteira e pela parte interna.
2) Melhor representar os modelos que determinam as variáveis de estado operativo em tempo real.
3) O primeiro considera as relações entre tensões e correntes; o segundo considera as equações algébricas do fluxo de potência.
4) Para o método não linear ser usado é necessário ter informações das barras PV da rede externa, em tempo real. Esse fato não é fácil na prática.
5) Os procedimentos seriam baseados nas equações usadas ao longo do capítulo.
6) Resposta pessoal.

CAPÍTULO 6

1) Por conta da necessidade de se considerar incertezas provenientes de tantas fontes diferentes.
2) A motivação é a necessidade de se considerar dados incertos e seus impactos no estado operativo dos sistemas. Essas incertezas vêm de instrumentação, intermitência e variabilidade de fontes, falta de monitoramento etc.
3) O fluxo probabilístico atribui uma função densidade de probabilidade a valores especificados de potência, e o intervalar considera a matemática intervalar a fim de reduzir o tempo computacional em relação ao Monte Carlo.
4) Os resultados devem compreender os de Monte Carlo, sendo mais abrangentes que este último.
5) A tendência é aumentar.
6) Resposta pessoal.

CAPÍTULO 7

1) Fluxo de potência continuado, curvas PV e QV, análise modal e fluxo de potência ótimo.
2) É a distância entre o ponto estável e o ponto crítico.
3) As sensibilidades são invertidas. Na parte estável, para grandes variações de potências, há pouca variação na tensão. Essa lógica se inverte quando o sistema está próximo ao máximo carregamento.
4) Ver Figura 7.5.
5) A barra 14 teria o fator de participação igual a 0,32; a barra 10, 0,24 e a barra 9, 0,19. No caso da contingência, a barra mais crítica é a 11, com fator de participação de 0,47; a barra 10, com 0,25, e a 9, com 0,13.

6) Resposta pessoal.
7) A margem é reduzida.

CAPÍTULO 8

1) A estimação de estados determina as variáveis de estados a partir de medições. O fluxo tem o mesmo objetivo, mas o faz a partir de condições de carga especificadas.
2) Medições de fluxos passantes em linhas e grandezas nodais mensuradas por PMU, *smart meters*, WMU, IED e RTU.
3) São as magnitudes e ângulos de tensão em todas as barras menos o ângulo da barra de referência, que é igual a zero.
4) Um sistema é observável caso seja possível estimar todas as grandezas em uma rede de interesse considerando as informações coletadas por medidores instalados em campo.
5) Principalmente o tratamento matricial, devido à matriz jacobiana não ser quadrada.
6) Resposta pessoal.
7) Resposta pessoal.
8) Resposta pessoal.

CAPÍTULO 9

1) A consideração de impedâncias mútuas, desequilíbrios, cargas conectadas em estrela ou triângulo.
2) Resposta pessoal.
3) Resposta pessoal. A resposta deve seguir Oliveira (2018).

CAPÍTULO 10

1) Resposta pessoal, porém deve estar pautada na não unicidade da solução do fluxo de potência, o que leva à existência de múltiplas soluções.

2) Segue o resultado:

Barra	V (pu) – Fluxo tradicional	V (pu) – Fluxo holomórfico
1	1,0600 - 0,0000i	1,0600 + 0,0000i
2	1,0411 - 0,0908i	1,0410 - 0,0908i
3	0,9852 - 0,2225i	0,9852 - 0,2225i
4	1,0012 - 0,1822i	1,0012 - 0,1822i
5	1,0076 - 0,1555i	1,0076 - 0,1555i
6	1,0372 - 0,2629i	1,0372 - 0,2629i
7	1,0328 - 0,2453i	1,0328 - 0,2453i
8	1,0605 - 0,2519i	1,0605 - 0,2519i
9	1,0203 - 0,2722i	1,0202 - 0,2722i
10	1,0147 - 0,2737i	1,0147 - 0,2737i
11	1,0219 - 0,2698i	1,0219 - 0,2698i
12	1,0189 - 0,2744i	1,0188 - 0,2744i
13	1,0138 - 0,2746i	1,0138 - 0,2746i
14	0,9953 - 0,2860i	0,9953 - 0,2860i

3) Segue o resultado:

Barra	V (pu) – Fluxo tradicional	V (pu) – Fluxo holomórfico
1	1,0600 + 0,0000i	1,0600 + 0,0000i
2	1,0391 - 0,1113i	1,0390 - 0,1113i
3	0,9728 - 0,2715i	0,9728 - 0,2715i
4	0,9874 - 0,2199i	0,9874 - 0,2199i
5	0,9962 - 0,1882i	0,9962 - 0,1882i
6	1,0213 - 0,3191i	1,0213 - 0,3191i
7	1,0134 - 0,2949i	1,0134 - 0,2949i
8	1,0466 - 0,3046i	1,0466 - 0,3046i
9	0,9946 - 0,3257i	0,9946 - 0,3257i
10	0,9888 - 0,3278i	0,9888 - 0,3278i
11	1,0000 - 0,3249i	1,0000 - 0,3249i
12	0,9980 - 0,3316i	0,9980 - 0,3316i
13	0,9915 - 0,3311i	0,9915 - 0,3311i
14	0,9655 - 0,3419i	0,9654 - 0,3419i

4) Resposta pessoal.
5) O resultado deve dar a mesma resposta.
6) A implementação de Padé pode ser obtida diretamente através da função pade do MATLAB, descrita no site: www.mathworks.com/help/symbolic/pade.html.